DIE NEUE BREHM-BÜCHEREI

520

Das Rotkehlchen

Erithacus rubecula

3. überarbeitete und erweiterte Auflage

Rudolf Pätzold

W Die Neue Brehm-Bücherei Bd. 520
V Westarp Wissenschaften · Magdeburg · 1995
Spektrum Akademischer Verlag · Heidelberg · Berlin · Oxford

Mit 66 Abbildungen, 8 Tabellen und 2 Farbtafeln

Die Deutsche Bibliothek — CIP-Einheitsaufnahme

Pätzold, Rudolf:
Das Rotkehlchen: Erithacus rubecula / Rudolf Pätzold. –
3., überarb. Aufl. – Magdeburg: Westarp-Wiss.;
Heidelberg: Spektrum Akad. Verl., 1995
  (Die Neue Brehm-Bücherei; Bd. 520)
  ISBN 3-89432-423-6
NE: GT

Titelbild: Rotkehlchen (*Erithacus rubecula*). Foto: REINHARD/LANGE.

Alle Rechte vorbehalten, insbesondere die der
fotomechanischen Vervielfältigung oder Übernahme
in elektronische Medien, auch auszugsweise.

© 1995 Westarp Wissenschaften,
Wolf Graf von Westarp, Magdeburg
Publiziert in Zusammenarbeit mit
Spektrum Akademischer Verlag, Heidelberg

Satz und Layout: Heinz-Jürgen Kullmann, Dortmund
Druck und Bindung: Hartmann, Ahaus

ZugedachT den RoTkehlchen, die im Anwesen
»Haus Sorgenfrei« in Radebeul noch brüten

Vorwort zur dritten Auflage

Bücher haben ihre Schicksale — auch Sachbücher. Der Wunsch meines früheren und auch des derzeitigen Verlegers, den Band zu erweitern und ihm die neuesten Erkenntnisse zuzuführen, kam auch meinem entgegen. Ursprünglich sollte diese Auflage bereits im »Jahr des Rotkehlchens« (1992) präsent sein, doch die gesellschaftliche und ökonomische Wandlung erhob berechtigten Anspruch auf angemessene Bearbeitungsdauer, nicht zuletzt bedingt durch den Wechsel des Verlages. Diese zeitliche Distanz kam dem Band zugute. Entdeckt man doch gerade beim Rotkehlchen immer wieder neue erstaunliche Verhaltensweisen, die den Forscher ständig zu weiteren Untersuchungen animieren. Ich denke da an die Recherche des Max-Planck-Institutes über den Wegzug, Rastverhalten etc. von Kleinvögeln, an die Migrationsforschungen von W. und R. Wiltschko unter Einbeziehung der Magnetfelder der Erde, an die Rolle der Lautäußerungen im Sexualverhalten, die H. Comtesse in seiner Dissertation untersuchte. Hoch aktuell und sensationell ist auch ein durch Fotos belegter Bericht von R. Gross von einem fischfangenden Rotkehlchen, das sich den Eisvogel als Lehrmeister wählte.

Den Experimenten des englischen Rotkehlchenexperten D. Lack mittels Stopfpräparaten räumte ich größeren Raum ein und konnte auch meine eigenen bescheidenen Erfahrungen aus jüngster Zeit mit einbringen.

Meine Helfer, denen ich in den vorangegangenen Auflagen dankte, sollen auch hier nicht vergessen werden. Zu danken habe ich auch dem Aula-Verlag Wiesbaden, der die Weitergabe einiger Sonagramme und Zeichnungen aus dem »Handbuch der Vögel Mitteleuropas« gestattete. Ebenfalls zu danken habe ich dem Verlag Westarp Wissenschaften für die Aufnahme von Farbtafeln in diesen Band.

Radebeul, 12. Mai 1995　　　　　　　　　　　　　　　　　　　　Rudolf Pätzold

Inhaltsverzeichnis

1	Zur Eröffnung : Rotkehlchen und Mensch	11
2	Name	14
3	Verbreitung	15
4	Zur Klassifikation und Systematik	17
4.1	Stellung im System	17
4.2	Die Gattung *Erithacus* CUVIER	18
4.3	Unterarten und ihre Brutgebiete	20
5	Beschreibung	23
5.1	Morphologie und Abmessungen	23
5.1.1	Gesamterscheinung	23
5.1.2	Kopf	24
5.1.3	Flügel	26
5.1.4	Schwanz	29
5.1.5	Zum Armskelett	29
5.1.6	Zum Beinskelett	30
5.2	Das Federkleid	31
5.3	Zur Mauser	34
5.4	Gewichte des Rotkehlchens und ihre Schwankungen im Jahres- und Tagesgang	35
5.5	Angaben zu Körpertemperaturen, Nahrungsverbrauch und Stoffwechsel	37
6	Der Lebensraum	38
6.1	Der ursprüngliche Biotop	38
6.2	Der vom Menschen geschaffene Lebensraum	41
6.3	Höhenverbreitung	43
7	Fortbewegungsweisen	44
7.1	Im Gezweig und auf dem Boden	44
7.2	Im Flug	45

8	Zur Pflege des Gefieders	46
9	**Nahrungserwerb und Nahrung**	50
9.1	Erbeuten und Aufnehmen der Nahrung	50
9.2	Die Nahrung der Altvögel	54
9.3	Die Nahrung der Nestlinge	56
10	**Von den Lautäußerungen**	57
10.1	Rufe	57
10.2	Instrumentallaute	60
10.3	Der Gesang	60
10.4	Gesang — angeboren oder erworben?	67
11	**Fortpflanzungsbiologie**	69
11.1	Das Territorium	69
11.1.1	Allgemeines	69
11.1.2	Reviergrenzen	69
11.1.3	Siedlungsdichte und Reviergröße	69
11.1.4	Über die Ursachen der unterschiedlichen Reviergrößen	71
11.1.5	Die Verteidigung des Reviers	71
11.1.6	Invasionsversuche	75
11.1.7	Unterschiedliche und sonderbare Verhaltensweisen gegenüber Stopfpräparaten	76
11.1.8	Wieviel und welche Teile eines Rotkehlchenkörpers sind nötig, um ihn vom Artgenossen als Eindringling zu betrachten und zu bekämpfen?	79
11.1.9	Die Signale zur differenzierten Revierverteidigung	80
11.2	Die Bildung der Paare	81
11.3	Über das Zusammenhalten der Paare	82
11.4	Sexualverhalten	84
11.5	Erkennen sich Rotkehlchen gegenseitig?	87
11.6	Das Nest	88
11.6.1	Der Standort	88
11.6.2	Das Bauen	90
11.6.3	Nestgestalt, Abmessungen und Substanz	94
11.7	Gelege und Brut	96
11.7.1	Ei und Gelege	96
11.7.2	Brutdauer und Brutverhalten	100
11.7.3	Das Schlüpfen	102

Inhaltsverzeichnis

11.7.4	Entwicklungsstadien der Jungvögel	104
11.7.5	Das Verhalten der Altvögel bei der Aufzucht der Jungen	109
11.7.6	Bruterfolg	115
12	Zusammenfassendes über die optischen Ausdrucks- und Bewegungsformen des Rotkehlchens	116
13	Über den Wanderzug	119
13.1	Zug oder Standvogel	119
13.2	Zugauslösende Faktoren	119
13.3	Kalendarische Zugdaten, Zugrichtungen	121
13.4	Überwinterungsgebiete	123
13.5	Verhalten auf dem Zug und im Winterquartier	124
13.6	Beringungen und Wiederfundraten	126
13.7	Wie finden Rotkehlchen ihren Weg?	127
14	Schlafplätze und Schlafverhalten	132
15	Unterschiedliche Vertrautheiten des Rotkehlchens gegenüber den Menschen	133
16	Hege des Rotkehlchens im Winter	136
17	Das Rotkehlchen in der Obhut des Menschen	138
18	Zur Morphologie des »Gesichtes« – Sympathie und Intelligenz	142
19	Feinde und Verlustursachen	145
20	Rotkehlchenbestände und ihre Schwankungen in verschiedenen Ländern	150
21	Alter, Mortalität und Lebenserwartung	151
22	Literaturverzeichnis	152
23	Register	157

> »Unsere streng objektive Beschreibung oder Abbildung eines Tieres oder einer Pflanze würde von der Wahrheit in einem entscheidenden Punkte abweichen, wenn sie die Schönheit des Lebewesens nicht wiedergeben würde. — Es ist ein verderblicher, aber leider verbreiteter Irrtum, zu glauben, daß nur dasjenige »wissenschaftlich« sein könne, was grau und langweilig ist.«
>
> Konrad Lorenz

1 Zur Eröffnung: Rotkehlchen und Mensch

Zu Beginn eine Bitte an den Leser: Schlagen Sie dieses Buch nochmals zu, betrachten Sie das Porträt des Rotkehlchens auf dem Umschlag — diesmal nicht nur so im Hinsehen, sondern inständig, kontemplativ! Wer schon mit diesem Vogel in der Natur Kontakt hatte, dem verbindet sich mit diesem Anblick etwas sehr Angenehmes, ja Biopositives. Intuitiv verknüpft sich damit ein Erlebnis ganz eigener Art. Wir glauben uns in einem noch gesunden Umfeld, wenn wir in den Schattengründen des Unterholzes einem kleinen grauen Vogel begegnen, der uns mit großen tiefbraunen Augen ansieht, als erwarte er etwas von uns.

Es gibt keinen europäischen Vogel, der dem Menschen ohne Gewöhnung oder Zähmung in freier Natur so nahe kommt und ihn dabei anschaut. Über die Gründe dafür wird noch zu sprechen sein. Nicht selten erlebt der Gartenfreund, daß er beim Umgraben ein Rotkehlchen vor den Spaten lockt, das sich für die freigelegten Gliedertiere interessiert. Ein Forstmann berichtete mir, daß er beim Schneiden von Birkenreisern im Winter plötzlich ein Rotkehlchen in seinem in der Hand gehaltenen Strauß entdeckte; es pickte unablässig nach den darin enthaltenen Wirbellosen und schien sich nicht um den Menschen zu kümmern.

Im deutschsprachigen Märchenschatz ist das Rotkehlchen nicht namentlich aufgeführt. Zusammen mit Specht, Meise und Taube gehört es hier dennoch zu den »Vögeln des Waldes«, wie es zahlreiche Illustrationen in Kinder- und Märchenbüchern ausweisen. Das war zu vergangenen Zeiten, wird mancher denken; was kann uns das Rotkehlchen heute noch geben, wo Waldromantik von vielen belächelt und der Wald oft nur holzgärtnerisch bewertet und in seiner ökologischen und ideellen Bedeutung unterschätzt wird? Ich meine sehr viel, weil Vogel und Wald einen Gegenpol bilden zum Erwerbs-, Konsum- und Verkehrsdenken und auf diese Weise entspannend, kräftesammelnd und daher auch »nützlich« sind, ohne klingende Münze einzubringen.

Deshalb sagen wir: Gut, daß es noch Rotkehlchen gibt; gut, daß diese Art noch nicht auf der Liste der bedrohten Tiere steht; gut, daß das Rotkehlchen noch rechtzeitig zum Vogel des Jahres 1992 erkoren wurde! Denn es ist noch nicht zu spät, sich für den Erhalt seiner — und damit auch unserer — Lebensgrundlagen einzusetzen.

Zwei Wege führen dahin: Die Natur und das Buch. Die Prioritäten können wechseln. Denke ich an den Beginn meiner engeren Freundschaft zu bestimmten Vögeln, dann war es manchmal zuerst die Begegnung des mir noch unbekannten Vogels in der Natur, die mich danach zu Hause in den Büchern blättern ließ; nicht weniger aber auch das Buch, das mir den Vogel zuerst vorstellte, den ich dann mit Eifer in Wald und Feld suchte. Immer aber war es zuletzt das Bündnis beider, das den Vogel einen festen Platz in Herz und Hirn finden ließ. Beim Rotkehlchen nun weiß ich nicht mehr genau, war es das Buch oder der lebendige Kontakt, der mich zuerst an den Vogel heranführte und Jahrzehnte später noch nach dem Warum meiner Zuneigung fragen ließ, schon bei der ersten Begegnung.

Ein Komplex ansprechender Eigenschaften tut sich auf. Ist es die Harmonie der Proportionen in der sympathischen Vogelgestalt, ist es das weiche Federkleid, das uns mit der orangeroten Brust präsentiert wird, sind es die anmutigen Knickse, die der Vogel vor uns aufführt, oder sind es allein die dunklen runden Augen hinter der scheinbar hohen Stirn, die uns auf Klugheit in Verbindung mit Liebenswürdigkeit schließen lassen? Oder vielleicht der gemütvolle Gesang, den HERMANN LÖNS einmal mit dem Läuten von Silberglöckchen verglich?

Abb. 1: Das Brutpflegereaktionen auslösende Schema des Menschen. Linke Reihe: als »niedlich« empfundene Kopfproportionen (Kind, Wüstenspringmaus, Pekinese, Rotkehlchen). Rechte Reihe: nicht den Pflegetrieb auslösende Verwandte (Mann, Hase, Jagdhund, Pirol). Man beachte, daß das Auge in der linken Figurenreihe noch unterhalb und weiter links der Kopfmitte liegt. Nach K. LORENZ.

Der namhafte Zoologe und verdienstvolle Verhaltensforscher KONRAD LORENZ erfaßte das Beeindruckende des Rotkehlchens wohl am treffendsten, wenn er es in Verbindung bringt mit seinem »Kindchenschema«, das unseren Brutpflegetrieb anspricht.

Die rundliche Kopfform (relativ kurzer Schnabel) des Vogels, in dem das Auge noch unter der Kopfhälfte und weit vorn sitzt, ähnelt durchaus den Kopfproportionen eines Kleinkindes, das wir als »niedlich« empfinden und in unseren Schutz nehmen möchten (Abb. 1). Darin liegt sicher der Schwerpunkt der Antwort auf die oben gestellte Sympathiefrage, die eng mit der Arterhaltung des Menschen in Zusammenhang steht. So wie Menschen gern in einen Kinderwagen schauen, so sehen sie auch gern ein Rotkehlchen an. Was uns aber emotionell anrührt, das wünschen wir auch näher kennenzulernen. Und gründlich veranlagte Menschen möchten das mit wissenschaftlicher Akribie tun, wie das in den folgenden Kapiteln versucht werden soll.

2 Name

Der Name »Rotkehlchen« ist bekannter als der Vogel selbst, schließt doch der weniger Kundige in diese Bezeichnung fast alle kleinen Vögel ein, die auf der Unterseite rot oder nur rötlich gefärbt sind (Gartenrotschwanz, Dompfaff, Bluthänfling, Zwergfliegenschnäpper, Buchfink u. a.). Die Dimunitivbildung wird uns gewöhnlich gar nicht mehr bewußt, haben wir doch die Endsilbe schon fest mit dem Wortstamm verschmolzen, und daher ist sie fast in Vergessenheit geraten, ähnlich wie beim Eichhörnchen oder Kaninchen, also bei Tieren, die uns »niedlich« und hilfsbedürftig erscheinen.

Weitere deutschsprachige Namen wie Rotbart, Rotkröpfchen, Rotbrüstchen, Kehlrötchen, Rötelein, Winterrötelein, Waldrötelein, Backöfelchen, Rotkropf und rotbrüstiger Sänger bezeichnen fast alle das unverkennbare Farbmerkmal der adulten Vögel in Verbindung mit der kordialen Wirkung, die der Vogel auf uns ausübt.

Aber auch der wissenschaftliche Artname *rubecula* ist eine Verkleinerungsform von ruber – rot, so daß *rubecula* soviel wie Rötchen oder Rötlein bedeutet.

Fast alle ausländischen Bezeichnungen des Rotkehlchens deuten ebenfalls auf die rote Brust hin. So nennt man es auf

arabisch	Hamersdern	kroatisch	Slavka
armenisch	Karmurlandsh	lettisch	Sarkanrihklite
belgisch	Appelvink	luxemburgisch	Rodbreschtchen, Rotbrestchen
den Azoren	Avinagreira		
bulgarisch	Crvenosika	Madeira	Papinho
dänisch	Rödkjaelk, Thomas Vinter, Rödhals, Rödfink	niederländisch	Roodborst
		norwegisch	Rödkjaelk
dalmatinisch	Meduska	polnisch	Rudzik, Slowik
englisch	Robin, Redbreast, Robinet, Ruddock	portugiesisch	Pisco de peito
		russisch	Заряика (Zarjanka)
estnisch	Punakael örnnokk	schwedisch	Rödhake, Rotgel, Rödbrösta
finnisch	Punarinta		
französisch	Rouge-gorge, Guadrille, Vachette, Moreau Rusche, Ruche, Reuche, Marion la Reuche, Frileuse usw.	in der Schweiz	Rouge-gorge (französisch), Waldrötli (deutsch), Picett (italienisch)
		spanisch	Barbu roja, Sobrestante, San Antonio
gälisch	Broinndearg		
griechisch	Kombviánnes	tschechisch	Červenka obecná
italienisch	Pettirosso, Picett, Cipett usw.	ungarisch	Vöresbegy
		wallonisch	Rouge-gorge.

3 Verbreitung

Das Rotkehlchen besiedelt die westpaläarktische Faunenregion in der borealen, gemäßigten und mediterranen Zone. Sie reicht von den Kanarischen Inseln ostwärts über die Küstenstreifen Nordwestafrikas zum Südufer des Schwarzen und Kaspischen Meeres in den westsibirischen Raum bis an den Unterlauf des Tym (etwa 85° östlicher Länge). Die Nordgrenze reicht bis zur Juli-Isotherme von 13 °C, während die durch die Berglandschaften laufende südliche Grenze etwa mit der Juli-Isotherme von 23 °C zusammenfällt (Abb. 2).

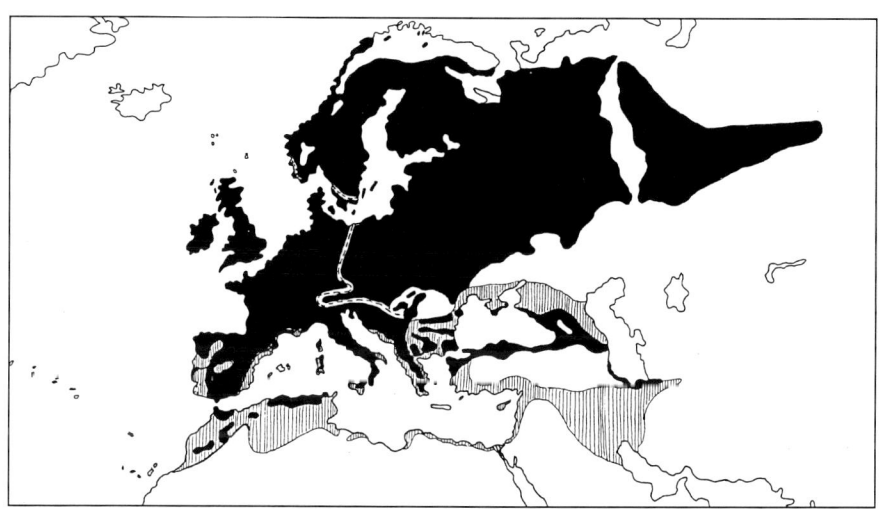

Abb. 2: Verbreitung des Rotkehlchens *Erithacus rubecula*. Schwarz: Brutgebiet; westlich bzw. südlich der gestrichelten Linie durch Europa ist Brutgebiet mit überwiegendem Jahresaufenthalt, östlich bzw. nördlich davon Brutgebiet mit überwiegendem Sommeraufenthalt. Senkrechte Schraffur: Überwinterungsgebiete. Nach VOOUS (1962) und CRAMP (1988).

Eckpunkte der Verbreitungsgrenzen von den Kanarischen Inseln aus im Uhrzeigersinn betrachtet sind:

Kanarische Inseln — Madeira — Küste von NW-Spanien (La Coruña) — Westküste Irlands — N-Schottland (Orkney Inseln) — W-Norwegen (Bergen) — N-Norwegen (Bucht Kvaenangen) — SO-Kolahalbinsel (Tschapoma) — Petschora (etwa 65° n. Br.) — Serow — Nishnewartowsk — Kolpaschewo — Nowosibirsk — Magnitogorsk — S-Ufer des Kaspischen Meeres (Teheran) — SW-Ufer des Schwarzen Meeres — südlichstes Griechenland (Kap Tainoran) — N-Sizilien (Palermo) — N-Tunesien — Marokko (Tanger, Agadier) — Kanarische Inseln.

Innerhalb dieser Grenzpunkte liegt im südöstlichen Raum ein ausgedehntes, etwa dreieckförmiges, von Rotkehlchen gemiedenes Steppen-, Halbwüsten- und Wüstengebiet, das sich vom Nordufer des Schwarzen Meeres zum Nordufer des Kaspischen Meeres über den Uralfluß nach Magnitogorsk zieht und eine Landfläche von etwa 1,5 Millionen km^2 einschließt.

4 Zur Klassifikation und Nomenklatur

4.1 Stellung im System

Die Bedeutung der Kategorien Art, Gattung, Familie, Ordnung und Klasse im faunistischen System wird hier vorausgesetzt. Verfasser hält sich im Einordnungsprinzip an die »Checklist of the Birds of the World« von R. HOWARD & A. MOORE (1984), die auf PETERS (1931 – 1964) aufbaut.

Das Rotkehlchen gehört zu den Drosseln. Man zählt es gemeinsam mit den echten Drosseln (Gattung *Turdus*) zur Unterfamilie Turdinae. Somit steht unser Vogel einer Amsel (*Turdus merula*) oder einer Singdrossel (*Turdus philomelos*) viel näher als einer Grasmücke (Unterfamilie Sylvinae), beispielsweise der gleich großen und ähnlich gefärbten Mönchsgrasmücke (*Sylvia atricapilla*), die außerdem noch im gleichen Monotop lebt, über einen ähnlichen Lockruf verfügt und bisweilen sogar vom Rotkehlchen im Gesang nachgeahmt wird. Das mag verwundern! Aber nur bei vordergründiger Betrachtung. Wer das Rotkehlchen näher kennt (und auch die Grasmücken), wird sich eine andere Meinung bilden. Im Gegensatz zu den Grasmücken sind die Jungen des Rotkehlchens (wie auch die der anderen Drosseln) deutlich gefleckt, die Nahrung wird vorwiegend vom Erdboden aufgenommen, die Haltung ist aufrecht, die Füße sind relativ lang. Oft stehen Rotkehlchen längere Zeit unbeweglich auf einem Zweig, im ganzen rundlichen Habitus ähneln sie stark den echten Drosseln (Grasmücken kommen seltener auf den Erdboden, haben kurze Füße, halten ihren Körper mehr in der Waagerechten, »schlüpfen« durchs Blattwerk und sind in ständiger Bewegung). So ist die nahe Stellung des Rotkehlchens zur Gattung *Turdus* völlig gerechtfertigt.

Drosseln wie Grasmücken werden von vielen Autoren heute in der größten Familie innerhalb der Sperlingsvögel (Passeriformes), der Muscicapidae, die 1 426 Arten in 258 Gattungen umfaßt, vereinigt. Das Rotkehlchen nimmt darin nachstehende Stellung im System ein:

Klasse	Aves	Vögel
Ordnung	Passeriformes	Sperlingsvögel
Unterordnung	Oscines	Singvögel
Familie	Muscicapidae	Fliegenschnäpperverwandte
Unterfamilie	Turdinae	Drosseln
Gattung	*Erithacus*	Rotkehlchen und Nachtigallen
Art	*Erithacus rubecula*	Rotkehlchen

Die nächsten europäischen Verwandten des Rotkehlchens sind Blaukehlchen und Nachtigallen, die gewöhnlich in die Gattung *Luscinia* gestellt werden. Einige Autoren, darunter HOWARD & MOORE (in der Checklist 1984, s. Kap. 4.2) reihen sie je doch ebenfalls in die Rotkehlchengattung *Erithacus* ein.

Abb. 3: Die nächsten Verwandten des Rotkehlchens (von links nach rechts): Rotkehlchen (*Erithacus rubecula*), Rostkehlnachtigall oder »Japanisches Rotkehlchen« (*Luscinia akahige*), Komadori (*Luscinia komadori*). Nach einer farbigen Zeichnung von K. NEUNZIG.

Verwandtschaftlich mit Abstand folgen die Rotschwänze (*Phoenicurus*).

Auch SIBLEY & AHLQUIST (1985) bestätigen das Rotkehlchen aufgrund ihrer biochemischen Untersuchungen mit Hilfe der DNA-Hybridisation in der Stellung zu den Drosseln bzw. Drosselverwandten, wenn auch in etwas abweichender Position und Bezeichnung in nachstehend vorgeschlagener Neuordnung:

Teilordnung	Muscicapae	Meistersänger
Überfamilie	Turdoidea	
Familie	Turdidae	Drosselverwandte
Unterfamilie	Muscicapinae	Fliegenschnäpper und Schmätzer
Tribus	Erithacini	

Das letztgenannte Taxon vertritt eine Kategorie zwischen Unterfamilie und Gattung; es schließt demnach an Erithacini die Gattung *Erithacus* und danach die Art *Erithacus rubecula*, das Rotkehlchen, an.

4.2 Die Gattung *Erithacus* CUVIER

In der 10. Auflage seines »Systema Naturae« führt KARL LINNÄUS (1707 – 1778) das Rotkehlchen noch unter dem wissenschaftlichen Namen *Motacilla Rubecula Linnaeus*, 1758 (»LINNÉ« nannte er sich erst, nachdem er 1762 geadelt wurde).

Über die ursprüngliche Bedeutung des Namens *Erithacus* wissen wir nur, daß er schon bei dem römischen Gelehrten PLINIUS (23 – 79 v. Chr.) in seiner »Historia naturalis« als Name eines nicht näher bestimmbaren Vogels vorkommt. G. L. CUVIER (1769 – 1832) benutzte ihn dann um 1800 als Gattungsnamen für das Rotkehlchen. Heute ist es eine der Gattungen, mit denen wir die sogenannten »Erdsänger« bezeichnen, wozu außer dem Rotkehlchen auch Blaukehlchen, Nachtigallen und Rotschwänze gezählt werden.

Die Benennung »Erdsänger« ist unglücklich gewählt. Der Nichteingeweihte verbindet damit sicher eine falsche Vorstellung, nämlich die eines Vogels, der auf dem Erdboden singt. Das tut aber keiner von diesen. Es soll vielmehr ausgedrückt werden, daß es sich um einen Singvogel handelt, der sich bevorzugt auf dem Erdboden aufhält.

Bei der Gattung *Erithacus* handelt es sich um annähernd sperlingsgroße Singvögel, die vornehmlich in Bodennähe des Unterholzes leben, auf der Erde hochbeinig und ziemlich aufrecht hüpfen, den Schwanz dabei charakteristisch bewegen und oft »Bücklinge« aufführen. Die Oberseite ist graubraun bis olivbraun, Kehle und Kropf sind gelbrot, rostrot, ockerfarben oder schwarz, die übrige Unterseite weiß oder grau. Der Schwanz ist gerade abgeschnitten oder nur leicht gekerbt. Der Schwanz-Flügel-Index, der zwischen 66 und 84 % liegen kann, ist kein signifikantes Merkmal der Gattung. Die Nahrung besteht vorwiegend aus Gliedertieren, besonders Insekten; außerhalb der Brutzeit können diverse Früchte (Beeren und Eicheln) zeitweise überwiegen.

Das Verbreitungsgebiet erstreckt sich fast über die gesamte Paläarktische, Vorderindische und einen großen Teil der Äthiopischen Subregion.

Welche und wieviel Arten wir heute in der Gattung *Erithacus* vereinen, ist nicht feststehend. HOWARD & MOORE (1984) nennen weltweit 25 Arten, die wir im folgenden mit Angaben ihres Hauptverbreitungsgebietes aufführen:

E. rubecula	Europa, Nordafrika, Türkei, Iran, Irak	*E. calliope*	China, Indien, Sibirien
E. gabela	Angola	*E. svecius*	Europa, Asien
E. cyornithopsis	Liberia, Kamerun, Zaire, Uganda, Kenia	*E. pectoralis*	Südliche GUS-Staaten, Indien, China
E. aequatorialis	Zaire, Uganda, Kenia	*E. ruficeps*	Zentralchina
E. erythrothorax	Sierra Leone bis Nigeria, Kamerun, Zaire, Uganda	*E. obscurus*	China, Südostgansu
		E. pectardens	Tibet, Südwestchina
E. sharpei	Tansania, Malawi	*E. brunneus*	Pakistan, Indien, Burma
E. gunningi	Kenia, Tansania, Malawi, Mocambique	*E. cyane*	Südostasien, Japan, Borneo
		E. cyanurus	Nordjapan, China, Pakistan
E. akahige	China, Japan		
E. komadori	Riu-Kiu-Inseln, Tane-ga Shima Insel	*E. chrysaeus*	Nordwestindien, China, Vietnam
E. sibilans	Südostsibirien, China	*E. indicus*	Himalaja, Indien, Taiwan
E. luscinia	Europa, Westasien	*E. hyperythrus*	Himalaja, Burma, Tibet
E. megarhynchos	Europa, Nordafrika, Vorderasien	*E. johnstoniae*	Taiwan

Andere Autoren (auch GLUTZ & BAUER 1988) lassen die afrikanischen Arten aus und beschränken sich auf *Erithacus rubecula*, *E. akahige* und *E. komadori*, wobei *E. rubecula* und *E. akahige* infolge ihrer großen Ähnlichkeit im Gefieder vielleicht als Allospezies einer Superspezies angesehen werden können.

Die auf den Riu-Kiu-Inseln vorkommende *E. komadori* ist von anderen paläarktischen *Erithacus*-Arten durch die schwarze Kehle und Brust deutlich differenziert.

4.3 Unterarten und ihre Brutgebiete

Denkwürdig, daß ein britisches Rotkehlchen von einem in Mitteleuropa lebenden vom Kenner recht gut unterschieden werden kann, desgleichen auch, daß ein Rotkehlchen auf Tenerife und Gran Canaria (Kanarische Inseln) von denen der westlichen Kanarischen Inseln ebenfalls leicht zu differenzieren ist, obwohl doch ihre Brutareale relativ nahe beieinander liegen. Schwieriger hingegen wird ein Auseinanderhalten der europäischen Rotkehlchenpopulationen mit denen der angrenzenden westsibirischen, denn die bei nicht wenigen Singvögeln tendierende Verblassung des Gefieders in West-Ost-Richtung, von Mitteleuropa ausgehend, kann beim Rotkehlchen nur bedingt bestätigt werden, wohl aber in Richtung Südost (Balkan, Krim, Türkei). Auf südlichem und besonders südwestlichem Kurs nimmt dagegen die Intensität der Farben wieder zu.

Generell ist es schwierig, Rotkehlchenpopulationen in Unterarten aufzugliedern (über deren Wert kann man streiten). Gegenüberstellungen von wenigen Exemplaren verschiedener Populationen können keine brauchbaren Fakten liefern. Nur Vergleiche ganzer Serien von Vögeln — gleiches Alter und Geschlecht vorausgesetzt — vermögen wirkliche Differenzen sichtbar zu machen. Bei unserer Art ist im Herbst und Winter die Farbe der Oberseite dominierend maßgebend für die Einordnung in eine bestimmte Unterart. Infolge ausgedehnter intermediärer Färbung können in vielen Fällen die Areale der Unterarten geographisch nur vage begrenzt werden; auch ist die Zahl der anerkannten Unterarten noch strittig. Gegenwärtig werden am häufigsten 9 Unterarten genannt, die im folgenden vergleichsweise aufgeführt werden.

(1) *Erithacus rubecula rubecula* (LINNAEUS, 1758) (Nominatform)

Brutgebiet: Azoren, Madeira, Kontinentaleuropa ostwärts bis zum Ural, südwärts bis NW Marokko, Italien, Griechenland. Auf den westlichen Kanarischen Inseln (La Palma, Gomera, Hierro) lebt eine isolierte Population, die der Nominatform (*E. r. rubecula*) gleicht und von den meisten Autoren auch zu dieser gestellt wird. Nicht auf Gran Canaria und Tenerife.

Generelle Färbung: Rücken grau bis olivbraun, Bürzel graubraun; Gesicht, Kinn, Kehle und Brust orange; Bauch und Unterschwanzdecken weiß.

Flügellänge: ♂ 67 – 79 mm.

Ausführliche Beschreibung dieser Unterart siehe Kap. 5.2.

(2) *Erithacus rubecula melophilus* HARTERT, 1901

Brutgebiet: Britische Inseln außer äußerstem südöstlichem Zipfel von England (dort Nominatform).

Generelle Färbung: Im frischen Gefieder Rücken wärmer und dunkler oliv- bis goldbraun als Nominatform, obere Schwanzdecken und Schwanzbasis stärker rötlich-braun, Flanken tiefer gelbbraun. Gesicht, Kehle und Brust tiefer orange bis braunrot (nicht gelbrot wie Nominatform). Im abgetragenen Kleid ist Oberseite matter bräunlich-grau, die Schwanzbasis immer noch etwas dunkler rötlich-braun als Nominatform (wenn nicht zu abgetragen). Gesicht, Kehle und Brust etwas weniger kräftig orange als im frischen Kleid, aber im Durchschnitt doch noch dunkler und weniger gelb-orange als bei Nominatform.

Flügellänge: ♂ 72 – 78 mm.

(3) *Erithacus rubecula balcanicus* WATSON, 1961

Brutgebiet: Südosteuropa und westliche Türkei.

Generelle Färbung: Alle Farben blasser und grauer als bei Nominatform. Letztere ist aber im abgetragenen Gefieder der Unterart *balcanicus* sehr ähnlich, so daß eine Differenzierung sehr schwierig werden kann.

Flügellänge: ♂ 70 – 76 mm

(4) *Erithacus rubecula valens* PORTENKO, 1954

Brutgebiet: Halbinsel Krim.

Generelle Färbung: Rücken blasser, Oberschwanzdecken und Schwanzbasis aber rötlich-brauner als Nominatform, gegenüber den kaukasischen Vögeln jedoch weniger intensiv gefärbt auf diesen Partien.

(5) *Erithacus rubecula witherby* HARTERT, 1910

Brutgebiet: Ostalgerien, Tunesien (südliches Portugal?).

Generelle Färbung: Oberseite dunkler als Nominatform, von *melophilus* schwer zu unterscheiden; Gesicht Kinn und Kehle orange wie Nominatform (heller als *melophilus*). Insgesamt etwas kleiner als *melophilus*, aber Schnabellänge gleich.

Flügellänge: ♂ 66 – 73 mm.

(6) *Erithacus rubecula sardus* KLEINSCHMIDT, 1906

Brutgebiet: Korsika, Sardinien, Nordost-Spanien, Italien..

Generelle Färbung: Zwischenform von *rubecula* und *witherby*, Gesicht, Kinn, Kehle und Brust im Durchschnitt etwas kräftiger orange als Nominatform.

Flügellänge: ♂ 72 – 76 mm.

(7) *Erithacus rubecula hyrcanus* BLANFORD, 1874

Brutgebiet: Östliche Türkei, Südrußland, Kaukasus, Armenien, Kaspitiefland des nördlichen Iran, Irak.

Generelle Färbung: Oberseite brauner als Nominatform, etwas der *melophilus*-Unterart ähnlich, aber Olivfarbe weniger kräftig; Gesicht, Kinn, Kehle und Brust rötlich-orange fast wie *melophilus*, Flanken ziemlich hell, ähnlich der Nominatform. Oberschwanzdecken und Schwanz mit rotbraunem Anflug. Im Schnitt etwas langschnäbliger als andere Unterarten (10 %).

Flügellänge: ♂ 72 – 78 mm.

Anmerkung: Andere Autoren trennen die kaukasischen Populationen in eine eigene Unterart *E. r. caucasicus* BUTURLIN, 1907. Diese Vögel sind auf der Oberseite und der Brust dunkler als die Krim-Unterart *E. r. valens*. Von *hyrcanus* unterscheiden sie sich nur in geringen Farbabstufungen: der rotbraune Anflug an der Schwanzbasis ist weniger leuchtend und auch nicht so ausgedehnt, die Oberseite brauner; Gesicht, Kehle und Brust heller und der Schnabel etwas kürzer.

(8) *Erithacus rubecula superbus* KOENIG, 1889

Brutgebiet: Östliche Kanarische Inseln, Tenerife und Gran Canaria.

Generelle Färbung: Gut zu unterscheiden von den Artgenossen auf den westlichen Kanarischen Inseln, die der Nominatform gleichen: Oberseite auffällig dunkler, grau bis schlammbraun; Gesicht, Kinn, Kehle und Brust prächtig rot bis kastanienrot (nicht orange), umgeben von tiefem Blaugrau, der Bauch leuchtend weiß.

Flügellänge: ♂ 69 – 73 mm.

(9) *Erithacus rubecula tataricus* GROTE, 1928

Brutgebiet: Erkennbar östlich des Urals, Westsibirien.

Generelle Färbung: Differenzen zur Nominatform gering. Oberseite eine Spur heller und grauer. Gesicht, Kinn, Kehle und Brust heller orange. Jedoch sind adulte ♀♀ der Nominatform im abgetragenen Kleid kaum von der Unterart *E. r. tataricus* zu unterscheiden.

Flügellänge: Vermutlich wie Nominatform.

5 Beschreibung

5.1 Morphologie und Abmessungen

5.1.1 Gesamterscheinung

Das knapp sperlingsgroße und relativ hochbeinige Rotkehlchen erscheint rundlich und »ohne Hals«, der Kopf kugelig (vgl. Abb. 4), zum Unterschied von den etwa gleich großen aber schlankeren Grasmücken (Sylviidae). Es ist ca. 18 % kleiner als Nachtigall oder Sprosser (*Luscinia megarhynchos, L. luscinia*).

Abb. 4: Ein Rotkehlchen im Garten des Verfassers nach wochenlanger Vertrautheit. Foto: PÄTZOLD.

Die Gesamtlänge beträgt durchschnittlich 138 mm (130 – 140), die Breite (Flügelspannweite) etwa 220 mm (212 – 234). Der Schattenriß (s. Abb. 5) beträgt 110 cm² (102 – 115).

Die Geschlechter können weder an ihrem Federkleid noch an ihren Abmessungen sicher unterschieden werden, nur die Flügelmaße geben Anhaltspunkte.

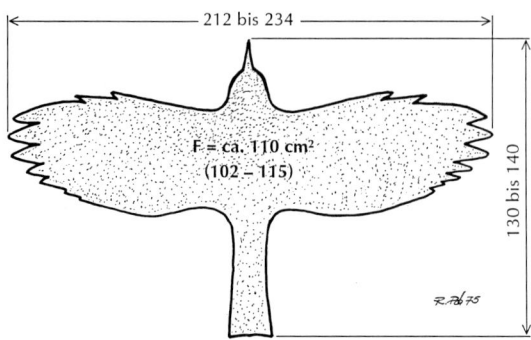

Abb. 5: Schattenriß des Rotkehlchens. Maße in mm. Originalzeichn. PÄTZOLD.

5.1.2 Kopf

Der Kopf erscheint runder und mit höherer Stirn als bei den meisten anderen Drosseln und den Grasmücken. Doch ist diese Form selbstverständlich osteologisch nicht begründet (s. Abb. 6 und 7), sie wird ausschließlich von der Vielfalt, Dichte und Stellung des Stirngefieders bestimmt.

Der relativ kurze, mittelkräftige und pfriemenformige Schnabel ist an der Firste leicht gebogen und an der Spitze zu einem kleinen Haken ausgebildet, der unterseits etwa 1 mm vor dem Ende leicht gekerbt ist. Die freiliegenden, ovalen Nasenlöcher sind vorne etwas erweitert und teilweise von Membranen bedeckt. Drei bis vier Bartborsten stehen auf jeder Seite über den Schnabelwinkeln. Im Frühjahr ist seine Farbe schwärzlich-grau, an der Wurzel etwas lichter, bisweilen graugelb, im Winter mehr braunschwarz. Die Innenseite des Oberschnabels ist schwarzgrau, manchmal (besonders bei jüngeren Individuen) gelblich–grau. Jungvögel dagegen haben zu über 90 % ein helles, gelbliches Gaumendach. Zur Altersbestimmung sind jedoch diese variierenden Färbungen nur mit Vorbehalt brauchbar, da auch ältere Vögel mit hellen Schnabelkammern aufwarten können.

Die Schnabelhöhe, an der Stirnbefiederung gemessen, beträgt ca. 4,0 mm, die Breite ebendort 4,2 mm (Verf.). Die Distanz von Schnabelspitze bis zur Augenmitte mißt 20,5 mm, der Öffnungswinkel des extrem geöffneten Schnabels 51° (s. Abb. 6) und der Durchmesser des Auges mit der dunkelbraunen Iris 4,2 mm (der Dämmerungsaktivität des Vogels angepaßt). Über den Gesichtsausdruck des Rotkehlchens siehe Kapitel 18.

Die Schnabellängen betragen, von Schnabelspitze bis Beginn der Stirnbefiederung gemessen, bei der Nominatform (*Erithacus r. rubecula*):

adulte ♂   9 – 12   mm (M_{27} = 10,1) — WITHERBY (1940)
adulte ♀   9,2 – 12   mm (M_4 = 10,8) — WITHERBY (1940)
juvenile ♂   8 – 12,3 mm (M_{56} = 9,9) — GLUTZ & BAUER (1988)
juvenile ♀   8 – 11,6 mm (M_{45} = 9,7) — GLUTZ & BAUER (1988)

Von der Schnabelspitze bis zum Hirnschädel ergeben sich nachstehende Längen (nach GLUTZ & BAUER 1988):

Beschreibung

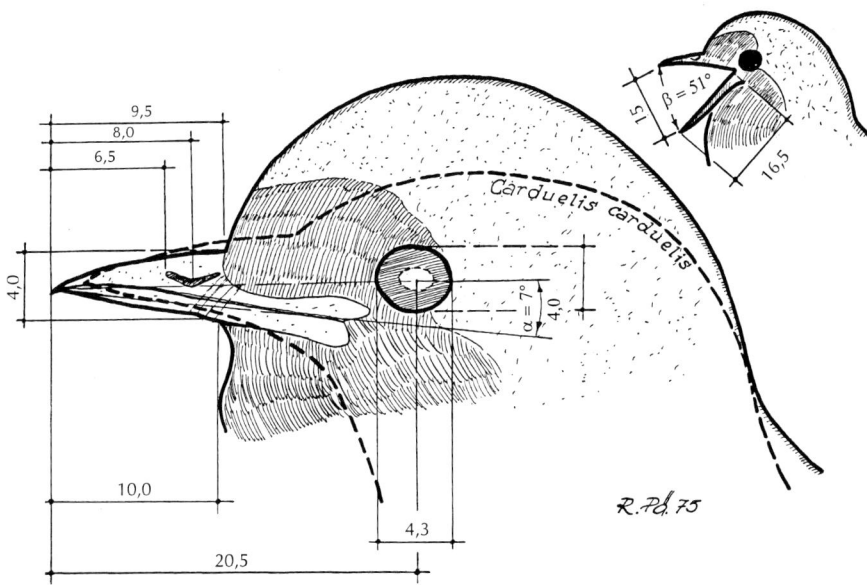

Abb. 6 (oben): Kopf des Rotkehlchens. Gestrichelte Linie Profil des Stieglitzkopfes, wenn die Linien Schnabelspitze–Augenmitte bei beiden Vögeln zur Deckung gebracht werden und Auge auf Auge liegt. Maße in mm. Originalzeichn. PÄTZOLD.

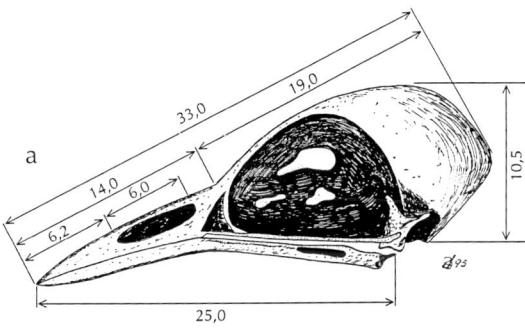

Abb. 7 (rechts): Schädel des Rotkehlchens *Erithacus rubecula*; etwas schematisiert. a Profil, b Draufsicht. Maße in mm. Originalzeichn. PÄTZOLD.

adulte ♂ 14 – 16,4 mm (M_{15} = 14,8)   juvenile ♂ 13,6 – 15,7 mm (M_{58} = 14,7)
adulte ♀ 14 – 15,9 mm (M_{14} = 14,7)   juvenile ♀ 12,8 – 15,5 mm (M_{45} = 14,5)

Präzisere Maße werden neuerdings auch von Schnabelspitze bis zum distalen Nasenlochwinkel genommen, danach ergeben sich nach CRAMP (1988) für die Nominatform:

adulte ♂   6,9 – 8,2 mm ($M_{21} = 7,6$)
adulte ♀   6,7 – 7,5 mm ($M_{10} = 7,1$)

Die Schnabellängen der Unterart E. r. melophilus unterscheiden sich nicht signifikant von denen der Nominatform, bei E. r. superbus sind sie bis 0,6 mm länger, bei E. r. hyrcanus jedoch bis zu 1,5 mm länger; bei dieser Unterart ist auch eine Differenz der Schnabellängen zwischen den Geschlechtern erkennbar: ♀ haben im Mittel einen 0,6 mm kürzeren Schnabel (CRAMP 1988).

Die Schädelmaße (in mm) ermittelte ich zu nachstehenden Längen (1 gemessenes Exemplar; die Skelettmaße variieren bei Sperlingsvögeln innerartlich um 4 – 5 %):

Gesamtschädellänge	33,0	Schädelhöhe	10,5
Länge des Oberschnabels	14,0	Schädelbreite	14,5
Hirnschädellänge	19,0	Interorbitalbreite	6,0
Oberschnabelspitze	6,2	Praeorbitalbreite	2,5
Weite der Nasenlöcher	6,0	Weite der Orbitae	10,9
Länge des Unterkiefers	25,0		

Die Schädelform ist die einer Drossel.

Winkelmessungen zwischen Oberschnabel und Schädel, die ich bei verschiedenen Drosseln und Finken vergleichsmäßig durchführte, brachten nur eindeutige Differenzen zwischen den beiden Familien, nicht aber zwischen Gattungen und Arten innerhalb der Drosselfamilie. Die »hohe« Stirn des Rotkehlchens ist daher osteologisch nicht begründet.

Das Rotkehlchen gehört mit Rotschwänzen, Feldlerchen, Heidelerchen u. a. zu den Oscines mit rasch verlaufendem Pneumatisationsprozeß, d. h., die Schädel der Jungvögel werden im Vergleich zu anderen Arten (Rauchschwalbe, Gelbspötter, Stieglitz u. a.) relativ schnell mit Luft gefüllt. Das geschieht beim Rotkehlchen innerhalb der ersten vier Lebensmonate und nimmt besonders unmittelbar vor Beginn der Zugzeit (August) einen rapiden Verlauf, so daß Mitte September die Pneumatisation bei vielen Individuen abgeschlossen ist, und diese dann in dieser Hinsicht von den Altvögeln nicht mehr unterschieden werden können. Bemerkenswert ist dabei, daß Verwandte des Rotkehlchens wie Nachtigall oder Drosseln der Gattung Turdus eine signifikant längere Pneumatisierungsdauer aufweisen. Der Fortgang der Pneumatisierung verläuft beim Rotkehlchen vom Hinterhaupt aus gegen die Stirn, wogegen z. B. bei Schwalben, Goldhähnchen und Kleibern zusätzlich eine Pneumatisierung von der Stirn aus erfolgt (WINKLER 1972).

5.1.3 Flügel

Der relativ kurze Flügel ist an der Basis breit und an der Spitze gerundet. Die Zahl der Handschwingen (HS) beträgt 10, die der Armschwingen (AS) 9. HS_6 und HS_7 sind die längsten Schwingen (Flügelspitze), die übrigen nehmen stufenweise ab.

Die nachstehend aufgeführte Reihenfolge (Zählweise von proximal nach distal) gilt für die Nominatform E. r. rubecula sowie für E. r. hyrcanus (Nach CRAMP 1988 mit Ergänzungen vom Verfasser).

Beschreibung

HS$_6$ = längste Handschwinge = Flügelspitze
HS$_7$ = HS$_6$, gelegentlich 1 – 2,5 mm kürzer
HS$_5$ = 1 – 2,5 mm kürzer als Flügelspitze
HS$_8$ = 2 – 4 mm kürzer als Flügelspitze
HS$_4$ = 6 – 8,5 mm kürzer als Flügelspitze
HS$_9$ = 9 – 13,5 mm kürzer als Flügelspitze
HS$_3$ = 9,5 – 15,0 mm kürzer als Flügelspitze
HS$_2$ = 10,5 – 15,0 mm kürzer als Flügelspitze
HS$_1$ = 12,0 – 15,0 mm kürzer als Flügelspitze
HS$_{10}$ = 30 – 40 mm kürzer als Flügelspitze

Die Schwingenformel lautet dann:

$$6 \geq 7 \geq 5 > 8 > 4 > 9 \geq 3 \geq 2 \geq 1 > 10$$

Vögel auf Sardinien wichen nach CRAMP (1988) in der Flügelstruktur etwas ab, hier war HS$_4$ 4 – 6,5 mm, und HS$_1$ 11 – 14 mm kürzer als HS$_6$. Bei der britischen Unterart *E. r. melophilus* zeigte sich HS$_9$ 9 – 14 mm, HS$_4$ 4 – 7,5 mm, HS$_1$ 11 - 15 mm und HS$_{10}$ 28 – 36 mm kürzer als HS$_6$. Bei allen Unterarten ist HS$_{10}$ 5 – 13 mm länger als die längste obere Handdecke (Abb. 8). Die äußeren Fahnen von HS$_5$ bis HS$_8$ und die Innenfahnen von HS$_7$ bis HS$_9$ (bisw. auch HS$_6$) sind im distalen Ende eingeschnürt.

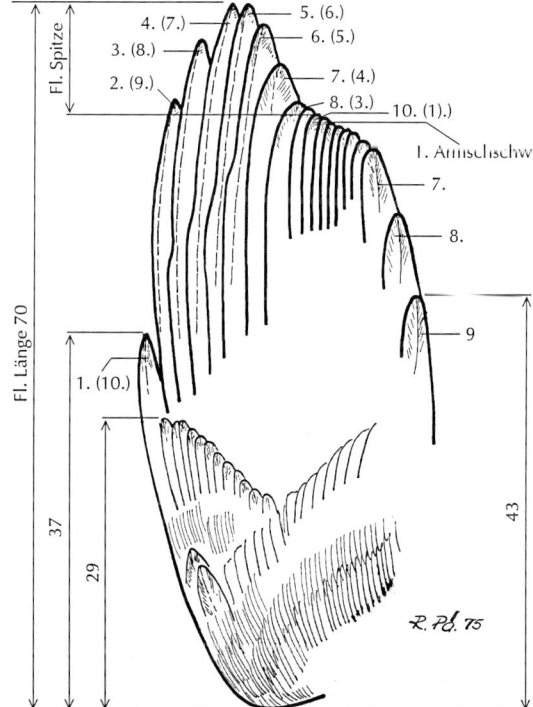

Abb. 8: Rechter Flügel des Rotkehlchens (*Erithacus rubecula*). Neue Zählweise der Handschwingen (von proximal bis distal) in Klammer. Maße in mm. Originalzeichn. PÄTZOLD.

Kennzeichnend für die Art ist, daß HS_{10} die reichliche Hälfte der Länge von HS_9 erreicht und diese etwa mit HS_3 gleich ist. Im Gegensatz zu Nachtigallen und Rotschwänzen ist HS_8 in den meisten Fällen etwas kürzer als HS_5. Die Schirmfedern sind kurz, die längsten gleichen den übrigen Armschwingen.

Die Flügelfläche beträgt nach meinen Messungen etwa 83 cm² (beide Flügel), woraus sich bei einer Masse von 16,2 g (s. Kap. 5.4) eine Flächenbelastung von

$$F_b = \frac{16,2}{83,0} = 0,195 \text{ g/cm}^2$$

ergibt. GLUTZ & BAUER (1988) kommen bei Zugrundelegen einer Masse von 18,6 g und einer Flügelfläche von 70,8 cm² auf eine Flächenbelastung des Flügels von 0,263 g/cm².

Die Schwebefähigkeit (Maßstab für den ökonomischen Flug) errechnete ich zu

$$S = \frac{\text{Schattenriß des Vogels}}{\text{Masse}} = \frac{110}{16,2} = 6,8 \text{ cm}^2/\text{g}$$

Zum Vergleich beträgt sie beim Star, der wesentlich schneller, aber weniger ökonomisch fliegt, nur 3,7 cm²/g, bei der Feldlerche 5,9 cm²/g.

Die Flügellängen für die Nominatform *E. r. rubecula* betragen:

adulte ♂   67 – 79 mm (M_{65} = 72,6) — DEMENT'EV & GLADKOV (1954)
adulte ♀   67 – 74 mm (M_{44} = 68,9) — DEMENT'EV & GLADKOV (1954)
juvenile ♂   71 – 76 mm (M_{63} = 73,8) — GLUTZ & BAUER (1988)
juvenile ♀   68 – 74 mm (M_{45} = 71,1) — GLUTZ & BAUER (1988)

Die Flügelspitzenlänge (Abstand von Flügelspitze bis Spitze der 1. Armschwinge bei zusammengelegtem Flügel) beträgt bei der Nominatform 12 – 15 mm. Der Handflügelindex errechnet sich damit zu

$$H_1 = \frac{\text{Flügelspitzenlänge} \times 100}{\text{Flügellänge}} = 18 - 20, \text{ i. M. } 18,5$$

Tab. 1: Federlängen des Flügels von *E. r. rubecula*, gemessen an 3 Individuen. Orig.

Längen der Handschwingen (mm), von innen nach außen:		Längen der Armschwingen (mm), von außen nach innen:
1. 56,2		1. 56,5
2. 57,0		2. 55,0
3. 57,5		3. 53,0
4. 59,3		4. 51,0
5. 63,0	⎫ distaler Teil der Außen-	5. 49,0
6. 64,0	⎬ fahne auf 1/3 bis	6. 47,2
7. 64,0	⎬ 1/2 der Federlänge	7. 43,4
8. 59,5	⎭ eingeschnürt	8. 35,8
9. 49,5		9. 25,0
10. 25,2		–

und weist somit einen runden Flügel aus wie Standvögel und Teilzieher (bei der Feldlerche als Zugvogel liegt er bei 34 bis 37 %).

In Tabelle 1 sind für den Rupfungssammler die Federlängen des Flügels (adulte Vögel) der Nominatform angegeben. Die Messungen erfolgten geradlinig von der Spulen- bis zur Federspitze, wobei die Federn flach auf eine Ebene gedrückt wurden.

Andere Unterarten wiesen nachstehende Flügellängen auf (CRAMP 1988):

E. r. melophilus	adulte ♂	72 – 78 mm (M_{22} = 74,5)
E. r. melophilus	adulte ♀	69 – 74 mm (M_{21} = 71,4)
E. r. superbus	adulte ♂	69 – 73 mm (M_{26} = 71,2)
E. r. superbus	adulte ♀	65 – 70 mm (M_{21} = 68,5)
E. r. hyrcanus	adulte ♂	72 – 78 mm (M_{12} = 74,2)
E. r. hyrcanus	adulte ♀	70 – 76 mm (M_{10} = 72,0)
E. r. witherby	adulte ♂	66 – 73 mm (M_{10} = 69,5)
E. r. witherby	adulte ♀	ca. 67,5 mm

5.1.4 Schwanz

Der relativ kurze Schwanz ist am Ende fast nicht ausgeschnitten, jedoch erscheint bei gespreizten Steuerfedern eine leichte Gabelung. Die Federn sind bei adulten Vögeln am Ende gerundet, im Jugend- und im ersten Jahreskleid am Ende zugespitzt. Bei zusammengelegtem Flügel ragt der Schwanz 24 bis 30 mm unter den Flügelspitzen hervor.

Die Schwanzlänge beträgt bei der Nominatform E. r. rubecula:

adulte ♂	55 – 70 mm (M_{37} = 59,5)	— DEMENT'EV & GLADKOV (1954)
adulte ♀	53 – 62 mm (M_{19} = 57,9)	— DEMENT'EV & GLADKOV (1954)
juvenile ♂	55 – 61 mm (M_{57} = 58,5)	— GLUTZ & BAUER (1988)
juvenile ♀	54 – 60,5 mm (M_{43} = 56,9)	— GLUTZ & BAUER (1988)

Die Längen der Steuerfedern (von innen nach außen gezählt) betrugen nach meinen Messungen bei der Nominatform:

1. 60,5 mm; 2. 62,5 mm; 3. 62,5 mm; 4. 63,5 mm; 5. 63,5 mm; 6. 61,0 mm.

Für die Unterart E. r. melophilus gibt CRAMP (1988) Schwanzlängen von 53 – 61 mm an (M_{21} = 57,4).

5.1.5 Zum Armskelett

Die Maße des Oberarmknochens (Humerus) betragen nach meinen Messungen (s. Terminologie Abb. 9): L_1 16,2; L_2 5,1; L_3 5,9; L_4 4,2; L_5 1,7/1,4; L_6 4,5 mm.

Das Handskelett ist nach BÄHRMANN (1970) nur um 14 % länger als der Humerus, was ebenfalls den runden Flügel bestätigt. Demgegenüber zeigt z. B. der Waldlaubsänger (*Phylloscopus sibilatrix*) als ausgesprochener Zugvogel ein Humerus-Handskelett-Verhältnis von 37,9 %.

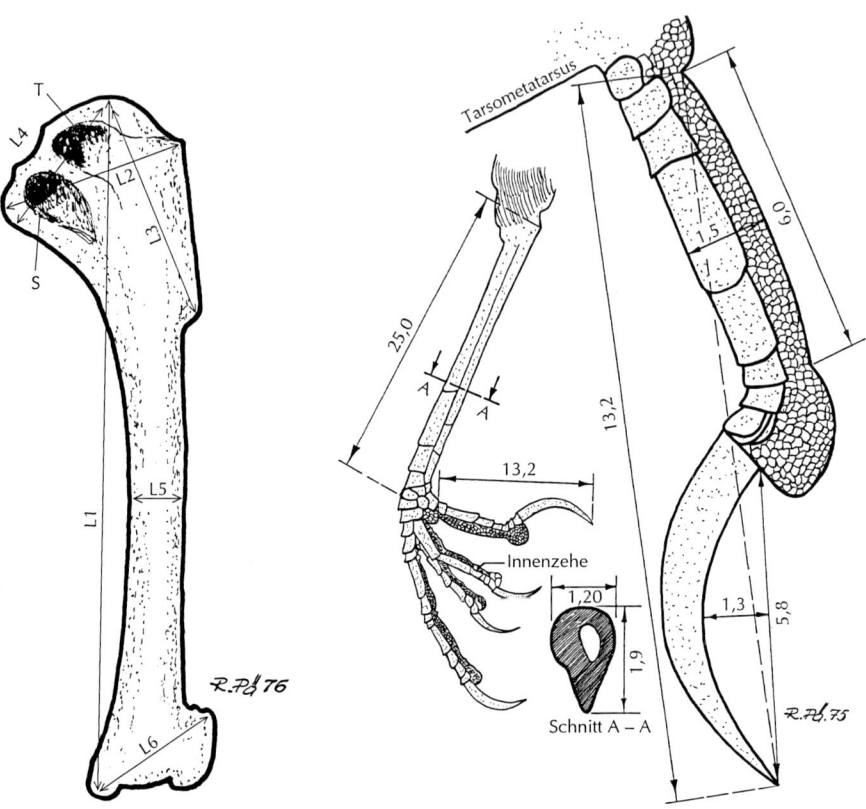

Abb. 9: Terminologie zu den Humerimaßen. S Subtrochantergrube, T Tricepsgrube. Originalzeichn. PÄTZOLD.

Abb. 10: Rotkehlchenfuß. Links: rechter Fuß, rechts: Hinterzehe vom linken Fuß. Maße in mm. Originalzeichn. PÄTZOLD.

5.1.6 Zum Beinskelett, Lauf und Zehen

Die relative Länge des gesamten Beinskelettes zur Brustbeinlänge beträgt 426,5 % (BÄHRMANN 1970), wobei auf den Tarsometatarsus 147,6 %, auf den Tibiotarsus 184,4 % und auf den Femur 94,5 % kommen. Das Rotkehlchen ist damit langbeiniger als die meisten europäischen Singvögel (Baumpieper 301,7 %, Bachstelze 305,7 %, Feldlerche 285,5 %).

Zart und schlank sind die Füße, wobei die Laufpaare nach unten etwas auseinanderdriften und so dem Vogel ein scheinbar x-beiniges Aussehen verleihen.

Die Lauflänge beträgt nach NIETHAMMER (1937)

adulte ♂ 22 – 29 mm (M_{27} = 26,2)
adulte ♀ 23 – 27 mm (M_6 = 25,8).

Die Laufseiten sind vorn beschildert und schmutzig braun, hinten glatt beschient mit Ausnahme des unteren Drittels oder Viertels, wo bisweilen eine schwache Gliederung erkennbar wird (s. Abb. 10).

Auch die Zehen sind relativ lang und feingliedrig. Die Zehenmaße eines von mir untersuchten Rotkehlchens betrugen (in mm):

I. Zehe (Hinterzehe)   ohne Kralle   7,0   mit Kralle 14,0
II. Zehe (Innenzehe)   ohne Kralle   7,2   mit Kralle 10,2
III. Zehe (Mittelzehe) ohne Kralle 12,5   mit Kralle 16,5
IV. Zehe (Außenzehe)   ohne Kralle   8,5   mit Kralle 11,8

CRAMP (1988) gibt für die III. Zehe mit Kralle bei der Nominatform *E. r. rubecula* 17 – 19 mm (M_{21} = 17,8), für die IV. Zehe mit Kralle ca. 72 % der III. mit Kralle, für die II. Zehe mit Kralle ca. 63 % und für die I. (Hinterzehe) ca. 77 % der Mittelzehe mit Kralle an.

Die Farbe der Zehen sowie der Krallen ist braun bis dunkelbraun.

5.2 Das Federkleid

Feldornithologisch ist das Rotkehlchen am Gefieder immer eindeutig zu bestimmen, denn es gibt in seinem Verbreitungsgebiet keinen sperlingsgroßen Vogel, der von der Stirn bis zur Hinterbrust orangerot gefärbt ist und dazu auf der gesamten Oberseite einschließlich des Schwanzes ein gleichmäßiges olivbraunes Kolorit aufweist.

Beim kleineren, etwas ähnlichen Zwergschnäpper (*Ficedula parva*) zieht sich das orangerot niemals bis auf die Stirn, auch ist dieser durch die weißen Außenflecken an der Basis des Schwanzes in allen Kleidern gut gekennzeichnet.

Rotkehlchen sind nicht geschlechtsdimorph, man kann daher ♂ und ♀ an den Federn nicht unterscheiden. Dennoch sollen nach Angaben diverser Liebhaber die Farben der ♀ blasser und weniger kontrastreich sein. Alte ♀ sind aber oft kräftiger gefärbt als junge ♂.

Nachstehende Beschreibung gilt für den Altvogel der Nominatform: Im ganzen ist das Gefieder locker, strahlig und weich, insbesondere die Unterseite. Selten ist es so glatt und straff angelegt wie bei Laubsängern und Grasmücken. Das namengebende Rot ist gelblich getönt und reicht von der Vorderstirn (3 mm über dem Schnabelfirst), das Auge oft nicht ganz umfassend, über Wangen, Kehle und Vorderbrust bis etwa 30 mm unter die Schnabelwurzel; der untere Rand ist in der Symmetrieachse leicht eingebuchtet. Abgegrenzt ist das Rot mit einem etwa 2 mm breiten aschgrauen bis bläulich-grauen Saum, der an der Stirn und den Wangen kaum noch wahrnehmbar ist und bei jüngeren Vögeln überhaupt fehlt.

Die Unterbrust und der Bauch wirken fast weiß, in frisch vermausertem Zustand aber gelblich überhaucht. Die Unterschwanzdecken sind blaß gelblich-braun, die Weichen olivbraun.

Die Oberseite ist fast einfarbig olivbraun mit kaum wahrnehmbaren Farbabstufungen; auf Rücken und Bürzel dominiert oft das Oliv oder Moosgrün.

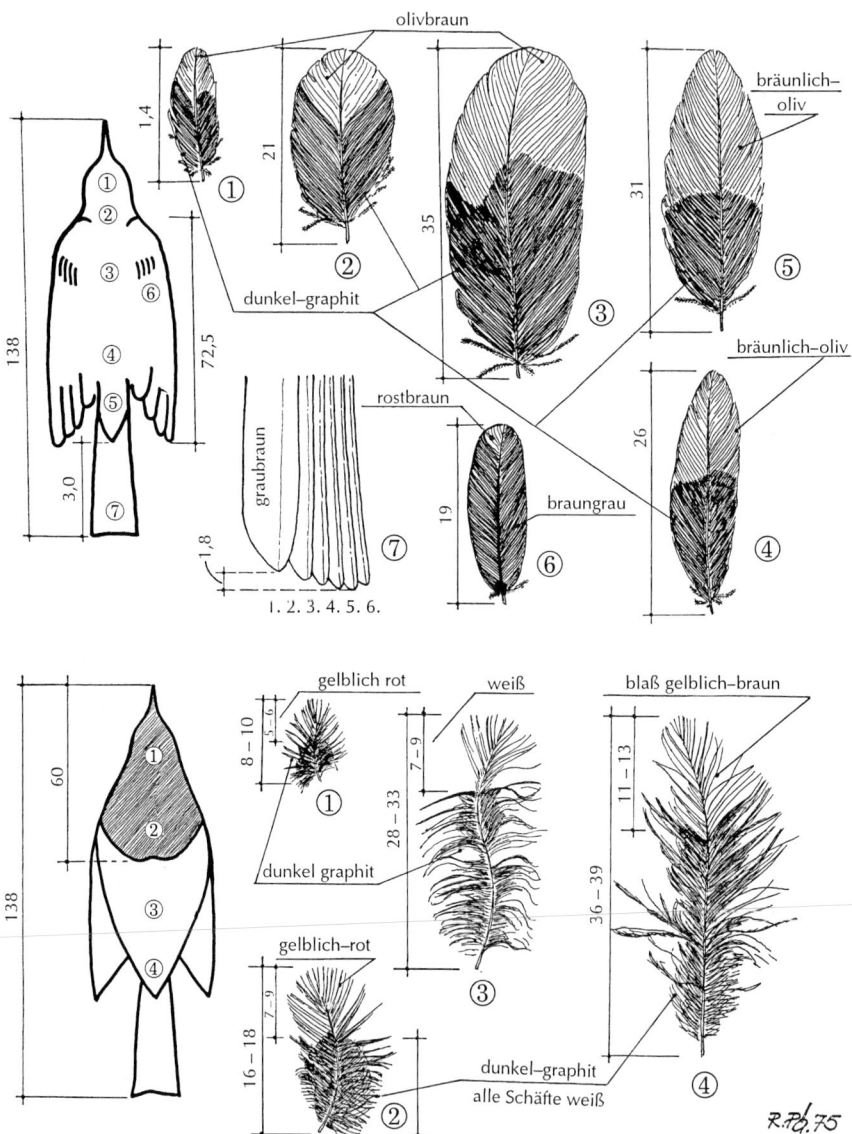

Abb. 11: Konturfedern. Oben: Oberseite von *Erithacus rubecula*. 1 Oberkopf, 2 Nacken, 3 Rücken, 4 Bürzel, 5 Obere Schwanzdeckfeder, 6 Deckfeder der dritten rechtsseitigen Armschwinge, 7 Abstufung der rechtsseitigen Steuerfedern. Kiel der Rumpfkonturfedern weiß; Schäfte des Großgefieders und seiner Deckfedern braunschwarz. Unten: 1 Kinn, 2 Brust, 3 Bauch, 4 Unterschwanzdecke. Maße in mm. Originalzeichn. PÄTZOLD.

Die äußersten zwei Handschwingen sind braunschwarz, die folgenden gehen allmählich in Graphittöne über. Die Armschwingen zeigen braungraue Farbe mit

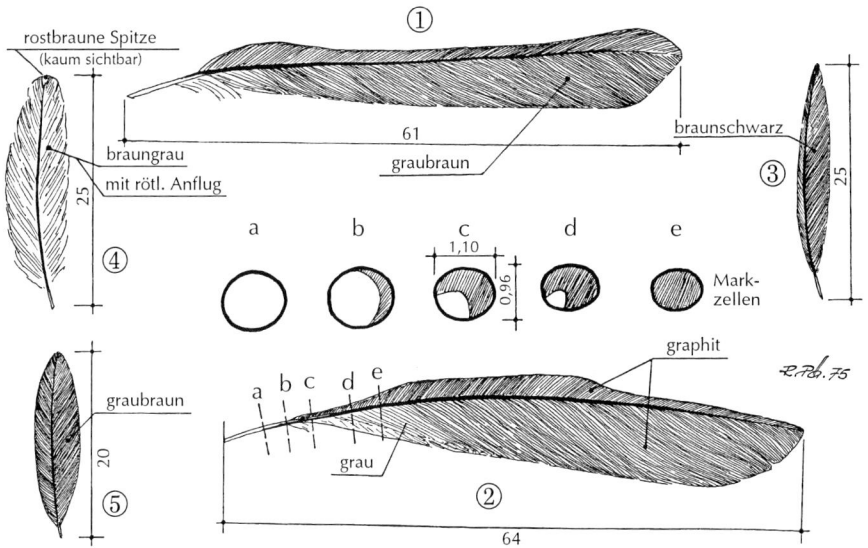

Abb. 12: Konturfedern von *Erithacus rubecula* (rechte Körperseite). 1 äußerste (6.) Schwanzfeder, 2 sechste Handschwinge (von innen nach außen), 3 zehnte (äußerste) Handschwinge, 4 neunte (innerste) Handschwinge, 5 Nebenfittich, A – E Schnitte durch den Schaft der sechsten Handschwinge. Alle Schäfte braunschwarz, Spulen weiß. Maße in mm. Originalzeichn. Pätzold.

leicht rötlichem Anflug an den Außenfahnen; an ihren Spitzen sind sie rostbraun getönt (die innersten zunehmend deutlicher) was jedoch bereits beim Betrachten der Feder schwer und feldornithologisch gar nicht erkennbar ist. Die Schirmfedern sind olivbraun mit gelblichem Anflug.

Hand- und Armdecken unterscheiden sich kaum vom oberseitigen Rumpfgefieder, doch weisen die Großen Armdecken bei etwa der Hälfte der untersuchten Vögel mehr oder weniger deutliche rostbraune bis ockergelbe Spitzenflecke auf (überwiegend an den Außenfahnen), in der zentralen Lage am deutlichsten ausgeprägt, wenn auch nicht immer feldornithologisch sichtbar, da oft nur die Schaftspitze aufgehellt ist. Die Unterflügeldecken spielen vom gräulichen Weiß zum hellen Braun.

Die Steuerfedern sind dunkel graubraun mit schmalen grünlichen Säumen; ihre oberen Decken zeigen bräunlich-olive Färbung, bisweilen ins Gelbbraune spielend.

Die Unterseite des Schwanzes ist heller, mehr bräunlich-grau; besonders sind die Schäfte der Steuerfedern nicht dunkelbraun, sondern bräunlich-weiß, wobei die äußersten bisweilen gänzlich weiß erscheinen (auch oberseits). Jedoch ist diese Färbung nicht ihre ursprüngliche, sondern wird durch Abnutzung bzw. Abblätterung der dunkleren Oberflächenschicht hervorgerufen. Dieser Umstand wird oft erst bei Aufnahmen mit Blitzlicht besonders deutlich.

Dem Jugendkleid (bis zur 6. Woche nach dem Schlüpfen) fehlt jegliches Rot, dennoch wirkt es bunter durch das gefleckte Kleingefieder, das jungen Rotschwänzen und Nachtigallen ähnelt. Die olivbraunen Federn der Oberseite haben nahe ihrer Spitze rostgelbliche, fein schwarzgesäumte Schaftflecken, die auf den Flügeldecken am größten und rötlichsten und auf dem Kopf lichter und dreiecksähnlich sind. Außer Unterbrust und Bauch, die schmutzigweiß sind, zeigen die Federn der Unterseite ein bräunliches Gelb mit olivfarbener Einfassung, die auf Kehle und Hals unterbrochene Wellenlinien hervorbringt. Das Großgefieder gleicht dem der adulten Vögel, nur sind die Enden der Schwanzfedern zugespitzt.

Wenn Rotkehlchen die Jugendmauser abgeschlossen haben, sieht man ihnen ihr geringes Alter nicht mehr an, jedenfalls nicht mehr auf den ersten Blick, denn sie haben eine rote Brust wie adulte Vögel. Dennoch gibt es Anhaltspunkte (aber keine Sicherheiten), sie von über 1 Jahr alten Vögeln zu unterscheiden. Die Großen Armdecken können wichtige Kriterien dazu liefern. Da diese im Jugendkleid in der Regel größere ockergelbe Spitzenflecke aufweisen als bei adulten Vögeln und nur sehr selten vollständig vermausert werden, sind Jungvögel unter einem Jahr meist daran zu erkennen. Der Teil der vermauserten Großen Armdecken hat einen stärker olivgrünen Anflug und deutlich kleinere anders geformte oder keine ockergelben Spitzenflecke. Jedoch gibt es auch adulte Vögel mit deutlichen Spitzenflecken der Großen Armdecken; andererseits aber auch Junge mit wenig ausgeprägten Flecken dieser Flügeldecken. Durchschnittlich aber haben Altvögel kleinere bzw. feldornithologisch kaum erkennbare helle Spitzen auf den Großen Armdecken. Die beim Jungvogel meist zugespitzten Enden der Schwanzfedern können ebenfalls nur bedingt zur Altersbestimmung herangezogen werden, da sie nach Monaten der Abnutzung unterliegen und sich sukzessiv runden.

Teil- oder völliger Albinismus wurde bisweilen festgestellt. E. SPILLE (1929) berichtete von einem schneeweißen Rotkehlchen-Jungen ohne jedes Abzeichen mit roten Augen. Es wurde, nachdem es das Nest verlassen hatte, von den Altvögeln nicht weiter gefüttert.

5.3 Zur Mauser

Das Rotkehlchen durchläuft in seiner Jugend eine Teilmauser. In der 5. bis 7. Woche nach dem Schlupf beginnt es, das weißstrahlige Kleingefieder zu erneuern, wobei das Rot der Brust erscheint. Dazu benötigt es 4 bis 6 Wochen. Außer dem Körperkleingefieder erneuern sich auch die Randdecken, die Mittleren Armdecken sowie ein Teil der Großen Armdecken (2 bis 10, meist 4 bis 6) und seltener die Carpaldecke (6 % und 13 % der untersuchten Vögel).

Das jugendliche Großgefieder wird erst im Sommer des folgenden Jahres zusammen mit dem zweiten Kleingefieder gewechselt (Vollmauser). Einjährige Vögel tragen daher noch immer die zugespitzten Steuerfedern des Nestkleides, die noch nicht die volle Länge wie bei einem über 14 Monate alten Vogel aufweisen.

Die Vollmauser der über ein Jahr alten Vögel beginnt im letzten Drittel des Juli und ist in der Regel Anfang Oktober beendet. ROGGE (1966) stellte nach Untersuchungen an 24 Vögeln eine Gesamtmauserzeit von 80 bis 90 Tagen fest; falls sie verspätet einsetzt, kann sie nach 60 bis 70 Tagen beendet sein, so daß der Vogel ebenfalls zu Beginn der Zugzeit durchgemausert ist.

Eingeleitet wird der Federwechsel durch den Ausfall der 1. Handschwinge (von innen nach außen). Es folgen, immer im Abstand von 5 bis 7 Tagen (extrem 3 bis 9 Tage) die 2. bis 10. Handschwinge. Wenn letztere erneuert ist (nach etwa 80 Tagen) ist auch das Gesamtgefieder fast durchgemausert, so daß der Mauserungszustand der Handschwingen als Kriterium für die gesamte Mauser betrachtet werden kann. Das Wachstum einer Handschwinge dauert im Durchschnitt 20 bis 25 Tage.

Die Erneuerung der Armschwingen verläuft etwas rascher, denn sie schließt auch etwa mit der der Handschwingen ab, beginnt aber in der Regel erst nach dem Ausfall der 4. Handschwinge. Es gibt dafür zwei Ausgangspunkte. Einer liegt im Bereich der 8. Armschwinge (von außen nach innen), wonach der Ausfall der benachbarten 7. und 9. erfolgt (divergente Wirkung). Ein zweiter wird etwa zum gleichen Zeitpunkt von der 1. Armschwinge her wirksam und erstreckt sich aszendent nach der 2. bis 6. Armschwinge.

Abb. 13: Rotkehlchen, 8 Wochen alt, in der Jugendteilmauser. Die bräunlich-gelb getupften Kehlfedern des Nestkleides sind ca. zur Hälfte durch Federn mit orangeroten Spitzen ersetzt. Foto: PÄTZOLD.

Die Steuerfedern werden von innen nach außen gewechselt. ROGGE stellte fest, daß alle Schwanzfedern im Zeitraum von 25 Tagen abgestoßen wurden und nach etwa 40 bis 50 Tagen nach dem Verlust des innersten Paares wieder verhornt waren. Fast gleichzeitig erfolgt die Erneuerung der oberen Schwanzfedern.

Der Wechsel des Kleingefieders verläuft in nachstehender Reihenfolge: Brust, Rücken, Kehle, Bauch, Flanken und Kopf.

5.4 Gewichte des Rotkehlchens und ihre Schwankungen im Jahres- und Tagesgang

Wie schwer ist ein Rotkehlchen? Das ist nicht leicht zu beantworten, denn die Gewichte differieren bis zu 100 % und darüber, abhängig von Jahres- und Tageszeiten, Zugaktivität, Nahrungsangebot und individueller Veranlagung des Vogels.

Nach WEIGOLD (in GROEBBELS 1932) wogen mitteleuropäische Rotkehlchen (*Erithacus r. rubecula*) im Jahresdurchschnitt 16,2 g (n = 86). Die Standvögel der britischen

Unterart *Erithacus rubecula melophilus* wogen im Winter etwa 22 g und können auch 25 g erreichen (LEES 1949). Herbstvögel sind im Schnitt schwerer als Frühjahrsvögel, da vor dem Wegzug Depotfett gespeichert wird. SAEMANN (briefl. an Verf.), der im Erzgebirge 567 auf dem Herbstdurchzug wog, stellte Gewichte von 13,5 – 21,9 g fest und errechnete ein Mittel von 17,19 g; Vögel unter 13,5 g dürften kaum den Winter überleben. Das Höchstgewicht bei mitteleuropäischen Vögeln betrug 25 g (R. KUNZ in GLUTZ & BAUER 1988). S. ECK (pers. Mitt.) wog einen frischtoten Vogel mit 9,5 g! Andere Unterarten wogen (in CRAMP 1988):

E. r. melophilus   14,2 – 22,5 g (M_{50} = 18,2), ein erschöpftes ♂ wog 14,4 g
E. r. witherby ♂   15,5 g
E. r. hyrcanus ♂   14,2 g
E. r. tataricus ♂   14,2 – 20,2 g (M_{10} = 16,3), 2 ♀ 15,8 g und 16,9 g.

Somit bestehen keine signifikanten Gewichtsunterschiede zwischen den Unterarten.

Nach Erreichen des Zugzieles im Spätherbst oder Winter ist eine signifikante Abnahme des Körpergewichtes zu verzeichnen. So verloren Rotkehlchen auf dem Zug von Südnorwegen nach Fair Isle in 18,6 h 2,8 g (Startgewicht M_{20} 17,72 g), also 17,2 % ihres Startgewichtes oder 0,86 %/h (NISBET in GLUTZ & BAUER 1988). Auch sind in Mittel- und Nordeuropa nach SAEMANN (1981) die Frühjahrszieher um 0,5 – 1,0 g leichter als die Herbstzieher, wogegen es im Mittelmeerraum auch umgekehrt sein kann (DAVIS 1962).

Die Gewichte schwanken auch innerhalb eines Tages in jedem Monat, unabhängig von der Zug- oder Brutzeit. So verlieren die Vögel in jeder Nacht kontinuierlich an Gewicht, das in der Hellzeit durch Nahrungsaufnahme wieder kompensiert wird. Die Tag-Nacht-Differenzen liegen bei 1 – 1,5 g, können aber bisweilen auch reichlich 2 g betragen, abhängig vom jeweiligen Nahrungsangebot. Höhere Insektenaktivität bewirkt größere Gewichtszunahmen. Die stärkste Zunahme in der Hellzeit registrierte LEE (1949) im Dezember und Januar an englischen Standvögeln, wo sich das Körpergewicht in 8 Stunden um 2,1 g bzw. um 10 % erhöhte. Weibliche Vögel übertreffen zur Zeit der Eireife die männlichen an Gewicht, obwohl letztere ebenfalls durch die Vergrößerung der Hoden eine Gewichtszunahme erfahren.

Auch die Art der Nahrung steht für das Gewicht des Vogels. Da der Sättigungsgrad in erster Linie vom Volumen der aufgenommenen Nahrung abhängt und weniger vom Nährstoffgehalt, speichern Vögel bei Aufnahme wasserarmer Nahrung mehr Fett und Kohlehydrate als bei wasserreicher. So waren z. B. Rotkehlchen, die in den Eichenwäldern Südspaniens überwinterten und dort Eicheln verzehrten, im Schnitt um 1,3 g (18,5 g) schwerer als ihre Artgenossen in Obstbaugebieten (17,2 g) infolge des geringeren Wassergehaltes der Eicheln (35 %) gegenüber etwa 80 % bei anderen Früchten (HERRERA 1977, 1978).

Zu einem Körpergewicht von 17,7 g ermittelte GROEBBELS (1932) eine Körperoberfläche von 40 cm^2 und bei 12,9 g eine solche von 33 cm^2, so daß auf 1 g Rotkehlchen 2,26 cm^2 bzw. 2,55 cm^2 entfielen. Das Milzgewicht betrug 0,3 g. Rotkehlchenherzen wiegen nach HESS (in GROEBBELS 1932) durchschnittlich 0,197 g.

5.5 Angaben zu Körpertemperaturen, Nahrungsverbrauch und Stoffwechsel

Die beim Rotkehlchen festgestellten Körpertemperaturen erwiesen sich weitgehend konstant und ziemlich unabhängig von der Umgebungstemperatur. Bei Außentemperaturen zwischen 9,8 und 30,1 °C registrierte GROEBBELS (1932) Körpertemperaturen von 43,6 – 44,7 °C.

»Er ißt wie ein Vögelchen«, dieser im Volksmund verbreitete Ausspruch, der auf die Genügsamkeit der Nahrungsaufnahme eines Vogels hinweisen soll, trifft nicht zu, schon gar nicht für das Rotkehlchen. Hier beträgt der Nahrungsverbrauch je Tag ein Drittel bis zur Hälfte des Körpergewichtes. Ein humorvoller Autor (in FRANCE 1940) hat einmal errechnet, daß ein Mensch täglich eine Riesenbratwurst von 22 cm Durchmesser und 8 m Länge verzehren müßte, um der Nahrungsmenge eines Rotkehlchens zu entsprechen, da letzteres erst gesättigt ist, wenn es täglich eine Nahrungskette von 2 m Länge bewältigt hat. Der tägliche Eiweißbedarf liegt je nach Jahreszeit und individueller Veranlagung bei 1 – 1,5 g. GROEBBELS ermittelte 92,48 g Eiweiß je 1 000 g Körpergewicht, wofür ein Stieglitz dagegen nur 57,5 g benötigt. Dieser Autor ermittelte den Grundumsatz je m² Körperoberfläche in 24 Stunden mit 3 276 Kalorien bei einem 17 g schweren Rotkehlchen und einer Versuchstemperatur von 25 °C. Der O_2–Bedarf je 100 g Tier und Stunde betrug 1 073 cm³. Nach TATNER & BRYANT (1986 in GLUTZ & BAUER 1988) erfordert der Flug des Rotkehlchens das 23fache des Grundumsatzes.

Das Rotkehlchen scheidet innerhalb 24 Stunden 29,5 % seines Lebendgewichtes als Kot und Harn wieder aus (GROEBBELS); dagegen wurden beim Buchfink 28,5, beim Stieglitz 27,1 und beim Grünfink 23,0 % frische Ausscheidungen ermittelt. Diese Werte zeigen eine deutlich rückläufige Tendenz mit der Zunahme vegetabilischer Kost.

6 Der Lebensraum

6.1 Der ursprüngliche Biotop

Das Rotkehlchen ist vor allem und wohl auch ursprünglich ein Vogel des Silvaea-Landschaftstypes. Hier, in den Sommerwäldern der europäischen gemäßigten Zone, liegt auch sein Hauptverbreitungs- und Hauptbrutgebiet (Abb. 14, 15). Da gerade diese Region vom Menschen am intensivsten umgestaltet wurde und die frühen Waldbestände heute auf kleinere Areale innerhalb der Kulturlandschaft eingeengt sind, wird deutlich, daß das Rotkehlchen in der Vergangenheit in viel stärkeren Populationen unseren Kontinent bewohnt haben muß.

Abb. 14: Rotkehlchenbiotop: Zschoner Grund bei Dresden. Foto: PÄTZOLD.

Charakterisiert wird der Lebensraum des Rotkehlchens in den Sommerwäldern auch durch den Laubabwurf in der kalten Jahreszeit, der zur Rohhumusbildung führt und damit eine reiche Bodenfauna begünstigt. Nach PEARSE (1946) und GRAFF (1953) können auf 1 m^2 Bodenfläche im Laubwald bis zu 25 000 Enchytraeiden, 200 Regenwürmer, 200 000 Milben, 70 000 Collembolen, 4 000 Larven und Imagines pterygoter Insekten, 1 500 Proturen, 1 300 Tysanuren, 1 000 Symphylen, 900 Diplopoden, 900 Spinnen, 400 Pauropoden und 350 Chilopoden vorkommen.

Rotkehlchen zeigen eine Vorliebe für die Birke, erweist sich diese doch als besonders reichlicher Nahrungsspender, wenn Großtiere ihr Unterholz durchstreifen und

Abb. 15: Rotkehlchenbiotop: Laubwaldhänge an den Weinbergen der Oberlößnitz in Radebeul. Foto: PÄTZOLD.

dadurch eine große Anzahl von Gliederfüßern zu Boden fällt. So ermittelte PALMGREN (in TISCHLER 1955) die Individuenzahlen und -gewichte von Arthropoden, die sich auf jeweils 10 kg Zweigwerk von Fichte, Kiefer und Birke aufhielten. Er gibt für die Fichte 1 157 Individuen mit 3,6 g, für die Kiefer 1 240 Individuen mit 3,8 g und für die Birke 3 309 Individuen mit 10 g an! Die engen Beziehungen zur Birke erklärten auch das Nisten des Rotkehlchens in den Birkenwäldern der westsibirischen Waldsteppe. Es brütet dort mit Sprosser, Pirol, Grünspecht, Ringeltaube, Turteltaube, Hohltaube und Rotem Milan in einem Biotop (STEGMANN). Bei diesen Vögeln ist westeuropäische Herkunft anzunehmen, wurde doch die hier ursprünglich vorhandene geschlossene Steppe durch den vordringenden Wald zur »Waldsteppe« aufgelöst, in der heute nur noch Restflächen der echten Steppe existieren (STEGMANN 1958). Im Gegensatz zur Feldlerche, die mit der Schaffung von Kultursteppen im ehemaligen Waldgebiet Europa sich von Ost nach West ausbreitete, wanderte das Rotkehlchen mit dem Wald in die Steppe des asiatischen Raumes.

Kiefernwälder werden von Rotkehlchen im Vergleich zu anderen Vögeln relativ dünn besiedelt. So brüteten nach LACK (1965) in 18- bis 19jährigen Beständen von allen hier vorkommenden Vögeln nur 5 % Rotkehlchen, jedoch 31 % Buchfinken, 26 % Tannenmeisen, 8 % Wintergoldhähnchen und 6 % Eichelhäher. In noch älteren Kiefernwaldungen waren noch weniger Rotkehlchen, während die Buchfinken ihre Populationen weiter vergrößerten (s. auch Abb. 16).

HANS OELKE (in DRÖSCHER 1992), der im Harz die Auswirkungen des sauren Regens auf die Vogelbestände untersuchte, stellt das Rotkehlchen zu den Vogelarten, an

Abb. 16: Rotkehlchenbiotop in einem Kiefern–Eichen–Mischwald. Foto: PÄTZOLD.

denen das Waldsterben am besten zu beurteilen ist. Er hatte 1972 auf bestimmten Probeflächen die Vogelbestände akribisch registriert und wiederholte die Zählung nach dem Auftreten heftiger Waldschäden 1987. Sämtliche Probeflächen waren jetzt frei von Rotkehlchen, obwohl diese Art früher mit einer Dominanz von 12,3 % aufwartete. OELKE empfahl daher, Rotkehlchenbestände im größeren Rahmen zu überwachen, da am Bestand dieser Art Waldschäden am besten zu erkennen sind. Das ist einleuchtend, wenn man bedenkt, daß diese Art ganz entscheidend auf die Struktur des Waldbodens reagiert.

Unterholz ist fast immer notwendig, jedoch stellt das Rotkehlchen an die Dichte der Vegetation nicht so hohe Ansprüche wie die Nachtigall. Ist dieses vorhanden, dann fehlt es auch in den Nadelholzbeständen nicht. Im nördlichen Teil seines Verbreitungsgebietes kommt das Rotkehlchen auch in Fichtenwäldern mit nassen Böden vor (VOOUS 1962). Das Unterholz wird hier durch gestürzte und abgestorbene Bäume ersetzt, die mit ihren dicken Moos- und Flechtenpolstern üppige Versteckmöglichkeiten und Nahrungsquellen bieten. Bei uns sind die Randgebiete von Laub- und Mischwäldern für das Rotkehlchen optimal; es bevorzugt hier besonders die lichten Zonen vor Wiesenplätzen, besonders dann, wenn sie in der Nähe von kleineren Gewässern liegen. Kleine Wasserläufe oder Rinnsale sind besonders wichtig, wenn das angrenzende Brutareal hängig, trocken und steinig ist.

Die Rolle des Rotkehlchens in der vertikalen Schichtung des Vogelbestandes im europäischen Sommerwald ist in Abbildung 17 veranschaulicht.

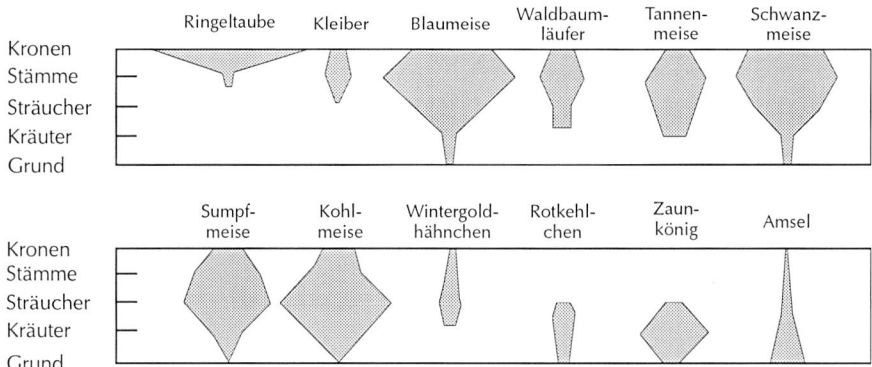

Abb. 17: Vertikale Verteilung und relative Häufigkeit des Rotkehlchens im Vergleich zu anderen Vögeln in einem Eichenwald bei Oxford. Nach COLQUHOUN & MORLEY (in TISCHLER 1955).

6.2 Der vom Menschen geschaffene Lebensraum

Das Rotkehlchen ist bei uns nur bedingt Kulturfolger, weil es auf liegenbleibendes Fallaub und dichtes Unterholz nicht verzichten kann. Obwohl es in größeren und mittleren Parkanlagen sowie auf Friedhöfen fast regelmäßig anzutreffen ist, siedelt es hier doch selten so dicht wie in natürlichen Biotopen. Ausnehmen möchte ich dabei Parkanlagen älteren französischen Stils, wo sich zwischen vom Efeu zerklüfteten Steinreliefs, Grottengemäuern und Wasserspielen mannigfaltige Nistgelegenheiten bieten und mehrjährige Laubschichten eine reiche Nahrungsfauna garantieren. In solchen Anlagen fand ich das Rotkehlchen im Frühjahr 1942 in der Umgebung von Chalons sur Marne und Paris fast häufiger als in der angrenzenden Auen-Waldlandschaft.

Auch in naturnahe gehaltenen größeren Gärten mit ausgedehnten Hecken und Büschen brütet es nicht selten. In »mustergültigen« Schrebergärten jedoch, wo das Fallaub radikal beseitigt und Unterholz nicht geduldet wird, fehlt es als Brutvogel. Bisweilen werden solche Gärten als Winterreviere bezogen, wenn Fütterungsstellen bzw. geeignete Beerensträucher vorhanden sind; anders in England, wo die Gärten mit ausgedehnten Heckenkulturen einen parkähnlichen Charakter tragen. Hier ist das Rotkehlchen zum echten Gartenvogel geworden, obwohl im Winter der Bestand deutlich höher als in der Brutzeit liegt.

Der Ökosystemforscher B. GRAJETZKY (in NABU 1995) ermittelte, daß der Bruterfolg bei Heckenbruten der Rotkehlchen ganz entscheidend von einem Krautsaum vor den Hecken abhängig ist, dieser sollte mindestens 4 m breit sein; fehlte er, dann gingen aus den gelegten Eiern nur 13 % flügge Junge hervor, denn Katzen, Füchse und Marder konnten dann geräuschloser anschleichen.

Abb. 18: Als Vogel der lichten Wälder findet man das Rotkehlchen nicht selten auch in parkähnlichen Grundstücken, hier in »Haus Sorgenfrei« in Radebeul ... Foto: PÄTZOLD.

Abb. 19: ... und in naturnahe gehaltenen Gärten. Foto: PÄTZOLD.

6.3 Höhenverbreitung

Es entsteht der Eindruck, daß das Rotkehlchen Höhenunterschiede völlig ignoriert, wenn die sonstigen Ansprüche an den Lebensraum erfüllt sind. So siedelt es z. B. in den Rhodopen in 1 650 m Höhe nicht weniger dicht als im Flachland. Noch nie hörte und sah ich mehr Rotkehlchen als Anfang Juni 1966 im Mischwald des Großen Kohlbachtales (Velka Studena Dolina) der Hohen Tatra in 1 250 bis 1 300 m Höhe, knapp unterhalb der Baumgrenze. In der Niederen Tatra oberhalb Demänovska Dolina fand ich es Ende Juni 1974 unmittelbar an der Baumgrenze in der Soldanella-Region, wo der Latschenkiefernbestand schon zu 50 % eingestreut war. Es fütterte dort mit der Ringdrossel (*Turdus torquatus*) in einem Revier.

Am Nordhang der Hauptkette des Kaukasus geht es, wohl infolge der unterholzfreien Kiefernwaldungen, nicht bis zur Baumgrenze. W. GLEINICH (mündl.) konnte das Rotkehlchen bei Itkol (Nordwestkaukasus) in 1 600 m Höhe nicht mehr feststellen, es verbleibt in der unteren Waldzone (nach Radde in Groebbels 1932) (s. a. Tab. 2).

Tab. 2: Höhenverteilung des Rotkehlchens als Brutvogel.

Gebirge	Höhe über NN (m)	Beobachter
Krimgebirge, Südhang	bis 650	PÄTZOLD
Karst (Jugoslawien)	bis 900	ROHACEK
Krkonose (Akademiebaude)	bis 1 260	PÄTZOLD
Hohe Tatra	bis 1 300	PÄTZOLD
Niedere Tatra	bis 1 300	PÄTZOLD
Bayerischer Wald	bis 1 400	SCHLEGEL
Kaukasus	bis 1 430	RADDE
Schweizer Jura	bis 1 500	VON BURG
Rhodopen	bis 1 700	PÄTZOLD
Bayerische Alpen	bis 1 760	MURR
Schweizer Nationalpark	bis 2 300	BRUNIES

7 Fortbewegungsweisen

7.1 Im Gezweig und auf dem Boden

Ein im Gebüsch umherhuschendes Rotkehlchen (Abb. 20) hüpft und flattert mit großer Gewandtheit, selbst im dichtesten Gezweig. Es springt auch auf waagerechten Ästen in Absätzen bis zu etwa 30 cm. Nur selten werden dabei kleine Schrittchen eingelegt, wie ich es einmal beobachtete, als der Vogel ein fliegendes Insekt verfolgte.

Abb. 20: Ein Rotkehlchen schlüpft durchs Unterholz. Foto: PÄTZOLD.

Auf dem Boden hüpft das Rotkehlchen in langen Sprüngen in ziemlich aufrechter Position und mit waagerecht gehaltenem Schwanz; bisweilen verharrt es dabei und blickt sichernd um sich. Selbständige Jungvögel vor der 1. Mauser huschen häufiger mausartig auf längeren Strecken über den Erdboden als adulte Vögel.

7.2 Im Flug

Rotkehlchen sind trotz ihrer Zutraulichkeit zum Menschen sehr auf Sicherheit bedacht, vor allem gegenüber Luftfeinden. Man sieht sie daher sehr selten am Tage über größere Strecken im offenen Gelände fliegen, schon gar nicht in größeren Höhen. Kürzere Strecken von Busch zu Busch bzw. zu Bäumen überfliegt es »schnurrend« in mehr oder weniger ausgeprägten Bogenlinien.

Der Streckenflug erfolgt als »Kraftflug«, d. h. mit Ab- und Aufschlag der Flügel. Er wird beim Rotkehlchen durch kurzes Hinschießen bei angelegten Flügeln unterbrochen. So wechseln Schlagphasen und -pausen miteinander ab. Während einer Schlagphase erfolgen etwa 2 kontinuierliche Flügelschläge, deren Frequenz recht konstante Werte aufweist. Bei ziehenden Rotkehlchen (Nachtzug) konnten BRUDERER et al. (1972) Flügelschlagfrequenzen von 15,8 – 18,0 Hz nachweisen. Das Mittel lag bei 16,2 Hz. Sie entspricht damit etwa der des Buchfinken (*Fringilla coelebs*) oder der der Zaungrasmücke (*Sylvia curruca*), während vergleichsweise Amsel (*Turdus merula*) und Star (*Sturnus vulgaris*) nur reichlich halb soviel Flügelschläge je Sekunde ausführen (7,0 – 9,7 bzw. 9,4 – 10,3 Hz).

8 Zur Pflege des Gefieders

Die Gefiederpflege nimmt einen beträchtlichen Teil des Tages in Anspruch und beginnt beim Rotkehlchen unmittelbar nach dem Erwachen. Sie ist notwendig, um die Wärmeisolation und die Flugfähigkeit zu erhalten bzw. zu gewährleisten. Dazu gehört das Sichstrecken, Kratzen, Putzen, Tau- und Wasserbaden, Sonnenbaden und Einemsen.

Beim Sichstrecken steht das Rotkehlchen auf einem Bein, das andere wird unter gleichzeitigem Fächern des dazugehörigen Flügels vom Körper abgespreizt, es geschieht wechselseitig.

Gekratzt wird nur der Kopf mittels der 2. und 3. Zehe, indem ein Fuß hinter dem zugehörigen herabhängenden Flügel zum seitwärts gewandten Kopf geführt wird. Kratzt der Vogel mit dem linken Fuß, zeigt der Schnabel nach rechts und umgekehrt (Tauben, Möwen, Hühner und Störche kratzen sich, indem sie den Fuß auf direktem Wege, also vor den Flügel zum Kopf führen).

Das Putzen dient der Schmutzentfernung und dem Ordnen des Gefieders, wobei jeweils eine einzelne Feder in den Schnabel genommen und hindurchgezogen wird. Möglicherweise wird gleichzeitig etwas Sekret der Bürzeldrüse entnommen und im Gefieder verteilt. Das Putzen wird in der Regel durch ein Sichstrecken und Aufschütteln des gesamten Gefieders unterbrochen. Ich beobachtete den komplexen Vorgang kontinuierlich maximal 9,5 Minuten.

Rotkehlchen sind badefreudig (Abb. 21, 22). Sie baden zu allen Tageszeiten, am häufigsten abends. Ein Beobachter (in LACK 1965) berichtete, daß ein in freier Natur gezähmtes Rotkehlchen täglich drei Wasserbäder nahm, sogar bei kältestem Wetter. Das ist ein Verhalten, das wahrscheinlich bei keinem anderen europäischen Singvogel zu beobachten ist. Das Morgenbad wird oft in Büschen und Bäumen genommen, indem der Vogel flügelschlagend mit dem Bauchgefieder über tau- oder regennasses Zweigwerk streicht und sich danach schüttelt und putzt. Das Baden an flachen Uferstellen und an Tränken wird aber bevorzugt, besonders am Abend, nicht selten noch nach Sonnenuntergang. Der Vogel fällt etwa einen halben Meter vor der Wasseroberfläche auf den Boden ein und hüpft bis ans Ufer. Mit den Füßen noch im Trocknen, benetzt er sich 2- bis 3mal Kopf und Brust und bewegt sich danach bis zu einer Tiefe von 4 – 6 cm ins Wasser. Jetzt wird der Kopf bis zu 12mal tief eingetaucht und gleichzeitig die Wasseroberfläche mit den Flügeln gepeitscht, so daß die aufspritzende Fontäne den Badenden fast unsichtbar macht. Nach 20 bis 30 Sekunden hüpft der Vogel für wenige Augenblicke an Land und wiederholt danach dieses Plantschen noch 3- bis 4mal. Bisweilen schwimmt er auch kurze Strecken zwischen den Tauchakten, kommt zum Stehen, sichert nach allen Seiten und taucht von neuem. Insgesamt ist das Bad nach etwa 2 bis 3 Minuten beendet. Der Vogel fliegt dann auf einen nahen Busch oder Baum, putzt sich 4 bis 6 Minuten und streicht ab. Das Badebedürfnis hängt von Witterung und Jahreszeit ab. An der

Zur Pflege des Gefieders

Abb. 21: Rotkehlchen vor dem morgendlichen Bad. Foto: PÄTZOLD.

Abb. 22: Getrocknet nach dem Bad gleicht das Rotkehlchen fast einer Kugel. Foto: PÄTZOLD.

Abb. 23: Rotkehlchen sonnt sich. Foto: PÄTZOLD.

Abb. 24 (unten): In der Mittagszeit döst das Rotkehlchen oft bis zu einer halben Stunde im Gesträuch. Foto: PÄTZOLD.

von mir beobachteten Tränke erschien das Rotkehlchen höchstens 2mal am Tag, meist nur einmal, an regnerischen Tagen gar nicht. Die Fluchtdistanz gegenüber dem Menschen ist bei badenden Rotkehlchen 3- bis 4mal so groß wie bei der Futtersuche. Trinken vor dem Bad wird selten beobachtet. In Gefangenschaft gehört das Rotkehlchen wie auch das Blaukehlchen zu den ausgesprochenen Wasserpantschern. Auch Baden im Schnee wurde beobachtet (HARPER 1985).

Auch in der Sonne wird gern gebadet (Abb. 23), vermutlich um den Organismus mit Vitamin D zu versorgen. Ich beobachtete es auf Zweigen und auf dem Erdboden. Auf dem Zweig steht der Vogel ziemlich aufrecht und sträubt das Gefieder soweit, daß die Sonnenstrahlen bis auf die Haut gelangen können. Die Flügel sind leicht gelüftet, der Schnabel meist etwas schräg abwärts geneigt, nur manchmal geöffnet. Das der Sonne zugewandte Auge ist in der Regel geschlossen. Beim Sonnen auf dem Erdboden breitet das Rotkehlchen Schwanz und Flügel, wobei die Spitzen der Handschwingen den Boden streifen, was bei lockerem Erdreich den Anschein eines Staubbades erweckt, wie es in der Literatur genannt wird. Aber so, wie es Sperlinge tun, konnte ich es noch nicht beobachten.

Manchmal ist das Sonnenbad auf dem Erdboden auch mit dem Einemsen verbunden. Dabei steht die Körperachse etwa 45° zur Waagerechten, der einzuemsende Flügel ist gespreizt. Währenddessen werden Ameisen oder Tausendfüßler aufgepickt und die Federn mit den im Schnabel festgehaltenen Tieren bestrichen bzw. berieben. Der Zweck ist wohl noch nicht völlig geklärt, möglicherweise dient die Handlung der Vorbeugung gegen Parasitenbefall oder auch deren Bekämpfung.

9 Nahrungserwerb und Nahrung

9.1 Erbeuten und Aufnehmen der Nahrung

Das Rotkehlchen bedient sich sehr unterschiedlicher Jagdweisen. Häufig »sitzt der Vogel an«, das heißt, er steht auf einem aus dem Baum oder Strauch hervorragenden Ast oder Zweig in 1 – 6 m Höhe und beobachtet den Erdboden. Bewegt sich etwas Genießbares im Laub oder im kurzen Gras, so stürzt er sich hinunter, landet etwa 10 cm neben der Beute, hüpft darauf zu, erfaßt sie mit dem Schnabel und fliegt in der Regel wieder auf einen Zweig, wo die Beute verzehrt wird. Nicht selten erfolgt das Verschlingen unmittelbar nach dem Erfassen auf dem Erdboden. Hingeworfene Mehlwürmer werden bis auf etwa 8 m erkannt, nach dem Ergreifen durch den Schnabel gezogen und vor dem Verschlingen noch 1- bis 2mal fallengelassen. Vom Erfassen des Wurmes bis zum Herunterschlingen vergehen nach meinen Beobachtungen 4 – 7 Sekunden.

Rotkehlchen beobachten von der Warte aus auch die Großtiere und Menschen, die das Herabfallen von diversen Arthropoden verursachen oder Bodentiere freilegen. Der Vogel fällt dann augenblicklich über die Beute her und folgt oft dem Großtier, von dem er weitere Nahrung erwartet, ohne besonderen Anteil an ihm zu nehmen. Vermutlich wird das Rotkehlchen bereits auf diese Art Nahrungserwerb geprägt, wenn es als flügger, noch fütterungsabhängiger Vogel die im mittelbaren Kontakt mit Großtieren beutemachenden Eltern beobachtet. Der Mensch, der dem Rotkehlchen im Wald begegnet, wundert sich dann ob seiner »Zahmheit«.

Die gleichen Beweggründe veranlassen den Vogel, sich uns beim Umgraben im Garten »zutraulich« zu nähern, sich womöglich während einer Arbeitspause auf dem oberen Rand des Spatenblattes niederzulassen, die frischen Erdschollen nach freigelegten Würmern und Insekten abspähend. Auch die den Boden aufwühlenden Wildschweine und Maulwürfe werden mit demselben Ziel von einer Warte aus beobachtet. Diese Jagdweise wird vom Rotkehlchen im südspanischen Winterquartier zu 80 % im November und Februar und zu 45 % im Dezember und Januar ausgeübt (HERRERA 1977).

Eine weitere Art des Beuteerwerbs ist das Untersuchen lockeren Wald- bzw. Laubbodens, wobei es sich hüpfend fortbewegt, wie wir es von den echten Drosseln her kennen. Nur vermeidet das Rotkehlchen dabei ganz offensichtlich einen längeren Aufenthalt auf größeren vegetationslosen Flächen oder Wiesen. Es bevorzugt das vom Dickicht umgebene Fallaub, das es mit dem Schnabel wendet. Die so freigelegten Beutetiere werden an Ort und Stelle verzehrt. Stößt es dabei auf Ameisen, dann werden auch diese aufgepickt; lieber noch nimmt es geflügelte Ameisen und deren Puppen. Jedoch besteht nicht der Eindruck, daß es nach Ameisensiedlungen sucht wie manche Steinschmätzer.

Daß Rotkehlchen auch Eicheln verzehren, mag manche Leser verwundern — ich konnte es nie beobachten. Man fragt sich, wie der Vogel das bewerkstelligt. Doch profitiert das Rotkehlchen auch hier von der Aktivität anderer Lebewesen in seinem Habitat und nimmt von den Früchten, die Kohlmeisen und Kleiber geöffnet hatten. Desgleichen werden die von Fahrzeugen zermalmten Eicheln angenommen.

Die Findigkeit dieses Vogels ist bewundernswert, wenn man hört, daß er in England Milchflaschen öffnete und daraus trank oder warme Stollen aufgesucht werden, in denen reges Insektenleben herrscht.

In Erstaunen setzen aber die außergewöhnlichen Jagdweisen, die verschiedentlich an stehenden und sogar an fließenden Gewässern bekannt wurden. So watete ein Vogel bis zum Bauch im Wasser, tauchte mit dem Kopf zeitweise ganz unter und erbeutete dabei kleine Fische (Elritzen). MAGNENAT (in GLUTZ & BAUER 1988) berichtet von einem Rotkehlchen, das in dem schmalen Luftraum zwischen einer Eisdecke und 1 – 2 cm tiefem Wasser watete, wobei sein Gefieder sukzessiv vereiste. Auch das erfolgreiche »Fischen« durch ein Loch in einer Eisdecke wurde beobachtet. Nach LACK (1965) tauchte ein Rotkehlchen in einen Gartenteich und erbeutete eine kleine Plötze. Nicht selten enden derlei »Fischereien« mit dem Tode des Vogels.

Einen geradezu sensationellen Bericht vom Fischfang des Rotkehlchens gibt R. GROSS (1992). Es lohnt sich, darauf näher einzugehen, da er nicht nur die außergewöhnliche Nahrung und die erstaunliche Weise des Beutemachens bezeugt, sondern auch viel Nachdenkenswürdige über die Psyche und Lernfähigkeit eines Rotkehlchens hinterläßt. Ich gestehe, daß ich diese Schilderung kaum für glaubwürdig gehalten hätte, wenn sie nicht von einwandfreien Fotos — inzwischen in mehreren Ländern publiziert — belegt worden wäre.

G. war auf der Kamerajagd nach dem Eisvogel (*Alcedo atthis*) an einem Nebengewässer der Fulda. Als Köder benutzte er kleine Fische (Forellen, Moderlieschen), die er in einem oben offenen Drahtkäfig in das Gewässer versenkte. Unzählige Stunden saß er im Tarnzelt, und nach Tagen fiel ihm auf, daß er nicht der einzige war, der dem Eisvogel beim Fischen aufmerksam zuschaute: ein Rotkehlchen hatte sich dazugesellt. Wochenlang ging das so. Erst einige Monate später konnte G. beobachten, daß dieses Rotkehlchen »es seinem Lehrmeister nachmachte«. Es stieß von seinem Ansitzzweig aus ins Wasser nach den Fischen. Allerdings mit wenig Erfolg, schließlich ist ein Rotkehlchen kein perfekter Taucher. Bald aber hatte es herausgefunden, daß die Fische nach dem Stoß des Eisvogels in die flacheren Randzonen des Gewässers auseinanderstoben. Das war die Chance für das Rotkehlchen: es stieß unmittelbar nach dem Eisvogel hinab. Bis über die Fersen im Wasser stehend zog es blitzschnell einen Fisch heraus und flog mit ihm etwa 10 m ins Gebüsch. Dort wurde die Beute nach Eisvogelart bis zur Betäubung auf den Ast geschlagen und danach mit dem Kopf voran in den Schlund gewürgt. Die Fische erreichten im Extremfall »annähernd« die Länge des Rotkehlchens, wurden allerdings bei solcher Größe wieder ins Wasser fallengelassen, immerhin wurden halb so große Fische ohne vorherige Zerteilung verschlungen.

War das Rotkehlchen noch auf die Hilfe des Eisvogels angewiesen, hatte es nach gewisser Zeit eine eigene Methode entwickelt, um die Beute zu überlisten: es rüttelte mit schnellem Flügelschlag unmittelbar über der Wasseroberfläche, trieb damit (Schattenwirkung) die Fische aus ihrem tieferen Gefängnis in die flacheren Randzonen und »schlug dann aus der Luft zu«. So ging das Monate. Danach entwickelte dieser bemerkenswerte Vogel eine weitere Jagdweise, er »saß an« auf einem Zweig am Wasser und wartete, bis ein Fisch nahe der Oberfläche sichtbar wurde, um dann hinabzustoßen. Erst im folgenden Jahr gelangen mit dem gleichen Vogel und enormen technischem Aufwand die einmaligen Aufnahmen vom Fischfang dieses Rotkehlchens. Dabei wurde kund, daß das Rotkehlchen den Eisvogel in der Schnelligkeit des Startes, dem Ergreifen der Beute und dem Abflug weit übertraf. Denn vom Eisvogel konnten immer schon mit einer Blitzzeit von einer 1/8 000 s scharfe Aufnahmen erreicht werden. Beim Rotkehlchen dagegen waren Blitzzeiten von einer 1/32 000 bis 1/64 000 s notwendig, um technisch einwandfreie Bilder zu erzielen! Dieser Vogel hatte sich jahrelang auf das Fischfangen spezialisiert, denn GROSS arbeitete 5 Jahre lang vom August bis April an dieser Stätte.

Diese Fakten veranlassen mich, meine Bemerkungen über die geistigen Fähigkeiten des Rotkehlchens in früheren Auflagen des Bandes etwas zu relativieren. Hier zeigte ein Individuum eine außergewöhnliche Lernfähigkeit. Steht diese im Gegensatz zu der vermuteten »Einfältigkeit«, wenn sich ein Individuum wiederholt mit der gleichen Methode einfangen läßt? Für mich steht fest, daß die Individuen der Art Rotkehlchen ganz außerordentliche Verhaltensunterschiede zeigen und damit auch signifikante Unterschiede in Psyche und Charakter. Verallgemeinerungen sind bei dieser Art am wenigsten angebracht. Das bezeugt abschließend eine m. E. sehr bedeutsame Bemerkung von R. GROSS: »Vier Rotkehlchen hielten sich an dieser Stelle der Fulda auf. Nur eines, das ich an seiner dunkleren Färbung eindeutig erkannte, interessierte sich für die Fische. Die anderen nahmen nicht einmal Notiz davon.«

Viel weniger häufig wie den Beuteerwerb vom Erdboden beobachtet man das Abpicken der Kerfe und Läuse vom Blattwerk und der Borke von Bäumen und Sträuchern. Dabei kommt es auch vor, daß die zwischen den Zweigen auffliegenden Insekten erhascht werden. Selten dagegen ist das Verfolgen fliegender Insekten außerhalb der Vegetation.

Suffern (1965 in Cramp 1988) beobachtete das Fangen von Bienen, denen der Stachel gezogen, der Kopf zerschmettert und danach das ganze Insekt verschlungen wurde.

Früchte bzw. Beeren werden in den Schnabel genommen und durch ruckartige Bewegungen des ganzen Vogels vom Stiel gerissen.

Wenn Rotkehlchen grüne oder blaugrüne Efeubeeren im Winter oder zeitigem Frühjahr anfliegen (Abb. 25) wunderte ich mich stets, wie zielsicher das auch aus

Tab. 3: Unterschiede in der Art der Nahrungserbeutung beim Rotkehlchen (*E. r. philomelus*) im Winter, in Abhängigkeit von Geschlecht und Temperatur in Südengland. Beobachtungszeit 860 Minuten (Nach EAST in CRAMP 1988).

Geschlecht	Temp. °C	Suche auf Erdboden	Jagd am Sitzplatz	Absuchen von Blättern	Hacken an Rinde	Beute im Flug fangen
♂	0 – 5	54 %	34 %	0 %	12 %	0 %
♂	6 – 10	37 %	45 %	5 %	11 %	2 %
♀	0 – 5	72 %	25 %	0 %	3 %	0 %
♀	6 – 10	49 %	34 %	4 %	11 %	1 %

Nahrungserwerb und Nahrung 53

Abb. 25: Rotkehlchen bei der Aufnahme von Efeubeeren, die aber relativ selten gefressen werden. Foto: PÄTZOLD.

größerer Entfernung geschah, weil sich die Farbe der Beeren doch kaum von der des Blattwerkes unterscheidet. So empfindet es jedenfalls das menschliche Auge. Das Vogelauge aber sieht es anders. Es sieht auch im UV-Bereich — und dort heben sich die Früchte deutlich von den Blättern ab, wie es die derzeitigen Forschungen Prof. D. BURKHARDTs in Regensburg (s. DRÖSCHER 1991) ergaben. Haben doch viele Beeren die Eigenschaft und Aufgabe, sich leuchtend den Vögeln zu präsentieren, wie es Samenverbreitung bzw. Arterhaltung erfordern (etwa 80 % der mit den Früchten aufgenommenen Samen verlassen unverdaut den Vogelmagen) So sind viele Früchte mit einer Wachsschicht umgeben, die UV-Strahlen stark reflektiert und dem Vogelauge eine ganz andere Färbung vermittelt, als sie der Mensch wahrnimmt. Das trifft z. B. auch für Wein- und Wacholderbeeren zu, ebenfalls beliebte Rotkehlchennahrung. Reibt man ihre Wachsschicht ab, so erlischt auch der UV-Effekt. Bei Säugetieren konnte man diese UV-Tauglichkeit nicht nachweisen, wahrscheinlich weil diese keine Augentiere sind wie die Vögel, sondern sich vorwiegend nach ihrem Geruchssinn orientieren.

Kugelige Früchte über 6 mm Durchmesser können vom Rotkehlchen kaum noch verschlungen werden, deshalb bevorzugt es solche von elliptischer Form (zweisamig) von $100 - 150$ mm^3.

Wer Rotkehlchen beim Nahrungserwerb beobachten will, sollte sich in den frühen Morgenstunden oder abends vor Sonnenuntergang hinausbegeben, denn zu diesen Zeiten wird die Hauptmenge der Nahrung aufgenommen.

9.2 Die Nahrung der Altvögel

Das Rotkehlchen ernährt sich wie alle Drosseln überwiegend animalisch. Vegetabilische Zukost wird vornehmlich zu Ende des Sommers und im Winterhalbjahr aufgenommen und kann dann vorübergehend auch dominieren. In der Auswahl der Nahrung ist unser Vogel wenig spezialisiert, zeigt vielmehr eine außergewöhnliche Anpassung an das jeweils vorhandene Sortiment. So verzehrt er an tierischen Arten fast alles, was in seinem Lebensraum an kleineren Gliederfüßern (Arthropoda) und Ringelwürmern (Annelida) vorkommt. Insekten werden dabei in fast allen Entwicklungsstadien aufgenommen, besonders in der Brutzeit, wobei Raupen von Schmetterlingen (Lepidoptera), Ohrwürmer (Dermaptera), Netz- und Zweiflügler (Neuroptera, Diptera), Hautflügler (Hymenoptera, darunter vor allem Ameisen — Formicidae), Wanzen (Heteroptera) und Blattläuse (Aphidina) dominieren. Auch kleine Landweichtiere (Mollusca) und sogar kleine Eidechsen werden nicht verschmäht. Des weiteren fand man bei Magenuntersuchungen Flohkrebse (*Gammarus* spec.), Spinnen (Araneae), kleine Schnecken, Kaulquappen und kleine Fische: Elritzen (*Phoxinus phoxinus*), Forellen (*Salmo trutta*), Moderlieschen (*Leucaspius delineatus*). Das breite animalische Nahrungsspektrum ermöglicht auch keine annähernd vollständige Aufzählung aller Gattungen und Arten.

Tausendfüßer (Chilopoda) werden nach meinen Beobachtungen selten genommen. Solche Tiere im Freien neben »Mehlwürmern« gelegt, bleiben immer unberührt. Auch wenn später keine neuen Würmer an der Fütterungsstelle liegen, läßt der Vogel den noch lebenden Tausendfüßer in der Regel unbeachtet; nur 2mal innerhalb von 9 Versuchen wurde das Tier verzehrt. Auch Großschmetterlinge werden verschmäht, manchmal aber doch gefangen und wieder losgelassen, da das Rotkehlchen auf das Abtrennen der Flügel nicht eingestellt ist. GROEBBELS (1932) führt jedoch das Rotkehlchen als Vertilger aller Entwicklungsstadien der Nonne an. Feuerwanzen (Familie Pyrrhocoridae) werden in der Natur nicht beachtet. Versuche in der Gefangenschaft ergaben, daß diese nur Interesse erregten, wenn sie auf dem Rücken lagen und so das abschreckende Schild nicht sichtbar war. Oft wurden sie wieder fallengelassen und bei Hunger nach einigem Zögern höchstens 2 bis 4 Exemplare verzehrt.

Im allgemeinen kann gesagt werden, daß von der animalischen Nahrung im Sommer die kleinen Raupen bzw. Larven der Insekten, im Winter die kleinen Käfer überwiegen.

Die pflanzliche Nahrung besteht fast nur aus Früchten, die ohne Anspruch auf Vollständigkeit nachstehend aufgeführt werden:

Walderdbeere (*Fragaria vesca*)
Heidelbeere (*Vaccinium myrtillus*)
Seidelbast (*Daphne mezereum*)
Traubenholunder (*Sambucus racemosa*)
Schwarzer Holunder (*Sambucus nigra*)
Faulbaum (*Rhamnus frangula*)
Pfaffenhütchen (*Evonymus europaeus*)
Traubenkirsche (*Prunus padus*)

Rote Johannisbeere (*Ribes rubrum*)
Alpen-Johannisbeere (*Ribes alpinum*)
Schwarze Johannisbeere (*Ribes nigrum*)
Himbeere (*Rubus idaeus*)
Brombeere (*Rubus fruticosus*)
Efeu (*Hedera helix*)
Wilde Vogelbeere (*Sorbus aucuparia*)
Eibe (*Taxus baccata*)

Weinbeere (*Vitis vinifera*)
Spindelstrauch (*Evonymus latifolia*)
Roter Hartriegel (*Cornus saguinea*)
Kreuzdorn (*Rhamnus cathartica*)
Wacholder (*Juniperus communis*)
Sanddorn (*Hippophae rhamnoides*)
Schneeball (*Viburnum opulus*)
Steinlorbeer (*Viburnum tinus*)
Steineiche (*Quercus ilex*)

Traubenkirsche (*Padus avium*)
Liguster (*Ligustrum vulgare*)
Wilder Wein (*Parthenocissus tricuspidata*)
Schneebeere (*Symphoricarpos rivularis*)
Steinmispel (*Cotoneaster integerrimus*)
Rötegewächs (*Rubia peregrina*)
Feuerdorn (*Pyracantha coccinea*)
Mastix (*Pistacia lentiscus*)
(Weitere Arten siehe SCHUSTER 1930)

Holunderbeeren werden nach Gefangenschaftsbeobachtungen von manchen Rotkehlchen nicht angenommen. Bemerkenswert ist, daß auch Früchte verzehrt werden, die für den Menschen giftig sind. So wird das Pfaffenhütchen, nach NAUMANN (1905) als »Rotkehlchenbrot« bezeichnet, bevorzugt genossen, desgleichen die Beeren des Seidelbast. Dagegen sind die erbsengroßen Steinfrüchte des Hartriegels und auch die vom Kreuzdorn weniger beliebt. Von den für die Mundhöhle zu großen Beeren der Eberesche können nach Beobachtungen NAUMANNs nicht mehr als 5 Stück hinabgeschluckt werden. Es ist dann zu sehen, wie sie langsam den Schlund hinabgleiten.

Auch an Gartenfrüchten (Birnen, Äpfel, Pflaumen) macht sich das Rotkehlchen manchmal zu schaffen, bisweilen sogar an Galläpfeln, denn es scheint gegen Gerbsäuren völlig gefeit. LIEBMANN (in GROEBBELS) beobachtete, daß 5 %ige Tanninlösung von Rotkehlchen und Amseln aufgenommen wurde.

Bei Nahrungsexperimenten an 30 gefangenen Vögeln wurde keine Vorliebe für bestimmte, saisonbedingte Früchte festgestellt. Bei reiner Früchtenahrung verloren die Vögel Gewicht oder starben, aber bereits ein Zusatz von 3 g Käferlarven pro Tag reichte zur Aufrechterhaltung des Körpergewichtes (Berthold 1976 in Cramp 1988).

Rotkehlchen nehmen auch Sand und kleine Steinchen zur Förderung der Verdauung auf. Unverdauliche Bestandteile, wie harte Samen, Chitinreste von Insekten, Schalen und Hülsen sowie den Regenwürmern anhaftende Erde werden als Gewölle in länglich runden Ballen durch die Speiseröhre wieder hervorgewürgt, oft mit erheblichen Anstrengungen. Untersuchungen der Ballen von drei freilebenden Rotkehlchen zeigten (nach LACK) nachstehende Bestandteile:

Nr. 1   20 Himbeersamen
         2 Samen der Weißen Johannisbeere
         2 Samen der Roten Johannisbeere
         1 Ohrwurmrest
         Reste von Fliegen
Nr. 2   Reste von verschiedenen Insekten
Nr. 3   undefinierbare Früchtereste und ein Körnchen Ziegelstein

Einmal beobachtete ich ein Rotkehlchen (♀?) beim Zerkleinern und Aufpicken eines Schneckenhauses, wie es Schifferli (1977) beim Haussperling beschrieb. Sicher können diese Schalenteile wichtige Calcium-Lieferanten zur Bildung der Eischalen sein.

Die von KOSTIN (1983 in CRAMP 1988) in der Brutsaison auf der Krim durchgeführten Magenanalysen ergaben 39,4 % Käfer Coleoptera (meist Rüsselkäfer Curculionidae), 16,1 % Hautflügler Hymenoptera (einschließlich 8,8 % Ameisen), 14,7 % Tausendfüßer Myriopoda, 8,7 % Schnabelkerfe, Halbflügler, Wanzen Hemiptera, 5,5 % Schmetterlingslarven Lepidoptera und 0,7 % pflanzliches Material. Im Winter enthielten die Mägen Insekten Hexapoda und Spinnentiere Arachnida, auch Beeren und Samen.

DEBUSCHE & ISENMANN (1985) untersuchten 209 Mägen von überwinternden verkehrstoten Rotkehlchen im südfranzösischen Mittelmeergebiet. Im Frühherbst und Spätwinter überwog noch immer die animalische Nahrung, im Herbst dominierten Früchte und im Mittwinter Eicheln (!). Jedoch waren in fast allen Mägen auch tierische Bestandteile zu finden.

COLLINE (in GROEBBELS 1932) analysierte den Mageninhalt von 14 Rotkehlchen und fand dabei 43,5 % tierische »Schädlinge«, 8 % »Nützlinge« und 48 % »andere« Tiere. Dem Rotkehlchen deshalb eine für den Menschen vorwiegend nützliche Rolle zuweisen zu wollen, wie es unverbesserliche Utilitaristen versuchen, wäre nicht sinnvoll und nach heutigen Erkenntnissen auch unwissenschaftlich. Jeder Tierart fällt im Gesamthaushalt der Natur eine ökologisch wichtige und deshalb nützliche Aufgabe zu.

9.3 Die Nahrung der Nestlinge

Die Nestlinge erhalten vorwiegend, oft ausschließlich, zarte grüne Raupen und nur wenig Vollkerfe, wobei die kleineren chitinarmen Arten ausgewählt werden. LACK (1965) bot einem fütternden Rotkehlchen Käse, der sofort angenommen und an die Jungen verfüttert wurde. Nach einiger Zeit kehrte der Vogel zur natürlichen Insektennahrung zurück.

Flügge Jungvögel erhalten ausnahmsweise auch Früchtenahrung, z. B. Brombeeren.

Abb. 26: Rotkehlchen-♀ in Nestnähe. Foto: PÄTZOLD.

10 Von den Lautäußerungen

10.1 Rufe

Das leicht erregbare und deshalb ruffreudige Rotkehlchen ist eher zu hören als zu sehen. Das Repertoire an Lauten, als Ausdrucksform endogener Vorgänge mit wichtigen biologischen Funktionen ist beachtlich und sicher von der Forschung noch nicht voll ausgeschöpft. Dank der Entwicklung sogenannter Klangspektrogramme, auch als Sonagramme oder Sonogramme bezeichnet, wurde es möglich, die Rufe und Gesänge zu analysieren bzw. ihre Frequenzen, Amplituden und Schalldrücke über Tonbänder auf Spezialpapier aufzunehmen, lesbar und vergleichbar zu machen. Man erkannte jetzt auch graphisch: Rufe unterschiedlicher Bedeutung unterscheiden sich auch im Aufbau.

Signifikant wird das beispielsweise bei der Gegenüberstellung von Luftfeind-Warn- und Haßrufen auf Eulen, die beide Doppelfunktionen bei gegensätzlichen Aufgaben zu erfüllen haben. Erstere warnen Artgenossen sowie andere Vögel vor Greifen aus dem Luftraum. Sie müssen daher deutlich vernehmbar und auch interspezifisch verständlich werden. Wichtiger ist aber, daß der Warner sich nicht selbst dem potentiellen Feind verrät. Der Ruf darf also nicht leicht zu orten sein. Anders beim Haßruf auf Eulen. Er hat die Aufgabe, Artgenossen und andere Arten rasch auf ein bestimmtes Ziel zu locken und zu aktivieren. Auch dieser Ruf muß interspezifisch verstanden werden, zugleich aber leicht zu orten sein.

Das Sonagramm zeichnet beide Rufe ganz unterschiedlich: Luftfeind Warnrufe sind zeitlich ausgedehnt, haben enge Frequenzbereiche und sind schwer zu orten. Eulenhaßrufe dagegen haben weite Frequenzbereiche, sind sehr kurz und werden schnell wiederholt. Bemerkenswert ist, daß sich hier die in ihrer Bedeutung gleichen Rufe unterschiedlicher Vogelarten in ihrem Aufbau ähneln, also auch interspezifisch verstanden werden (vgl. Abb. 27).

Der häufigste Ruf des Rotkehlchens ist

a) Der Störungsruf. Er ist das bekannte »zick« oder »zeck«, das je nach dem Grad der Erregung einzeln oder bis viersilbig hintereinander gereiht das sogenannte Tixen oder Schnickern ergibt, das NAUMANN (1905) mit »schnickerickick« bezeichnet. Der einzelne Laut liegt in der Klangfarbe zwischen dem spitzen »zick« des Kernbeißers (*Coccothraustes coccothraustes*) und dem weicheren der Goldammer (*Emberiza citrinella*). Zwei gegeneinanderschlagende Quarzkiesel erzeugen fast den gleichen Laut, den man nicht verallgemeinernd als »Warn- oder Lockruf« bezeichnen sollte. Der Vogel warnt oder lockt damit nicht, er fühlt sich nur, oft durch noch nicht sicher einzuschätzende neue Umweltsituationen beunruhigt bzw. gestört. Der Laut liegt im Frequenzbereich zwischen 5 und 8 kHz und wird in der Sekunde 5- bis 8mal angeschlagen; er unterliegt mannigfachen Abwandlungen und kann in die Rufe b) bis d) übergehen.

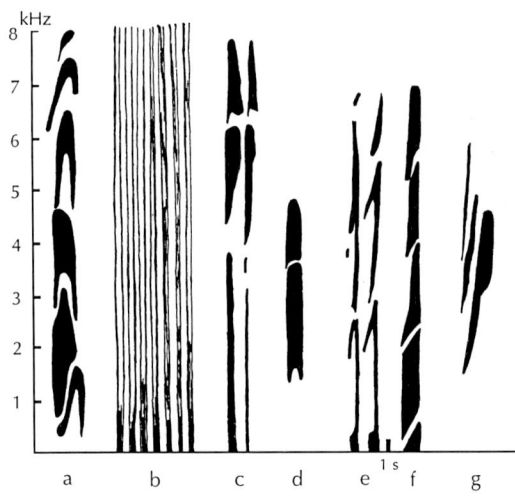

Abb. 27: Alarmrufe des Rotkehlchens im Vergleich mit anderen Singvögeln, ausgelöst durch eine Eule. a Amsel (*Turdus merula*), b Misteldrossel (*Turdus viscivorus*), c Rotkehlchen (*Erithacus rubecula*), d Gartengrasmücke (*Sylvia borin*), e Zaunkönig (*Troglodytes troglodytes*), f Schwarzkehlchen (*Saxicola torquata*), g Buchfink (*Fringilla coelebs*). Nach MARLER (1959) und KEAR (1966), beide aus TEMBROCK (1971).

b) Haßlaut (s. Abb. 27). Er wird vornehmlich beim Auftauchen einer Eule aber auch bei Begegnungen mit anderen tierischen Feinden ausgestoßen. Das »zick« wird hier härter, lauter und zeitlich intensiver dem Feind entgegengeschmettert, hat also deutlich aggressiven Charakter. Meinem auf dem Gartenzaun angeblockten Steinkauz gegenüber verhielt sich das Rotkehlchen stets angriffsfreudiger als Amseln und Finken, manchmal mußte die Eule dabei Federn lassen.

Der einzelne Laut weist ein Minimum an zeitlicher Ausdehnung auf, dafür aber ein breites Frequenzspektrum von 0 bis 8 kHz. Solche Laute sind von großer Reichweite und können von anderen Vögeln leicht geortet werden, so daß diese herbeigerufen und der Feind gemeinsam vertrieben werden kann. Oft vernimmt man den Haßlaut in abgeschwächter Form, bevor der Vogel sich zur Nachtruhe begibt, ähnlich wie es Amseln in der Dämmerung tun. Ich vermute, daß damit die sich evtl. in Schlafplatznähe befindenden Eulen vertrieben werden sollen.

c) Nestgefährdungsruf. Er besteht aus einer ziehenden Emission kurzer, sehr dicht gereihter »tsetsetsetse«-Rufe von geringer Lautstärke und einer Länge der Elementreihen von 3 bis 5 Sekunden bei engem Frequenzbereich. Im Gegensatz zu den Haßlauten tragen sie mehr defensiven Charakter, wirken distanzvergrößernd und sind daher schwer lokalisierbar. Nähert man sich dem Nest, dann wird der Ruf erst hervorgebracht, wenn »nichts mehr zu verlieren ist«. Vorher schweigen beide Gatten, wohl um den Neststandort nicht preiszugeben.

d) Rufe bei Zugunruhe. Diese werden abends zur Zugzeit vernommen und sind im Aufbau und in der Lautstärke den Haßlauten ähnlich, aber die Länge der Reihen ist wie beim Nestgefährdungsruf 4 – 5 Sekunden. In höchster Steigerung, kurz vor dem Abflug, klingen sie fast trillerartig. Vermutlich wirken sie in das Distanzfeld, haben »sammelnde« Eigenschaften und können infolge eines breiten Frequenzspektrums leicht geortet werden. Diesen Ruf kann man nach NAUMANN (1905) »ziemlich gut auf einem einfachen Instrument nachahmen, das man aus einer halben Walnußschale verfertigt.« (vgl. dort).

e) Stimmfühlungslaut. Dieser stellt in der Regel den Kontakt zwischen den Gatten im nahen Bereich her, klingt wie »dib« oder auch »dibbdibb« und ist deutlich weicher als der Störungsruf. Man gewinnt den Eindruck, daß diesem Laut keine ausschließlich pragmatische Bedeutung zukommt, denn nicht immer scheint er an einen Adressaten gerichtet, und so bekommt er auch autokommunikativen Charakter. Die Bezeichnung »Behaglichkeitslaut« wäre deshalb ebenso zutreffend. Der Frequenzbereich liegt zwischen 6 und 8 kHz, der zeitliche Abstand zwischen 0,4 und 0,5 Sekunden.

f) Geschlechtsspezifische Rufe des ♂. Nach LINSENMAIR (in GLUTZ 1988) stoßen kopulationsbereite ♂ leise trillernde Töne aus, die sich auch während der Begattung fortsetzen und wie »dü–dü–dü…« klingen. Im Sonagramm zeichnen sie dünne Striche im Frequenzbereich zwischen 3 und 5 kHz (deutlich tiefer als kopulationsbereite ♀), die in Abständen von etwa 0,1 Sekunden hervorgebracht werden.

g) Geschlechtsspezifische Rufe des ♀. Zur Begattung auffordernde ♀ geben leise »zie«-Laute im Frequenzbereich zwischen 7,5 und 9,5 kHz von sich, die meist zum Ende hin abfallen. Die Dauer der Elemente gibt LINSENMAIR mit 50 ms an, die dazwischenliegenden Pausen im Mittel mit 0,24 Sekunden. Jedoch steigert sich die Lautdauer mit zunehmender Kopulationsbereitschaft, wobei sich die Pausen verringern. In diese Rufe können bisweilen auch leise Gesangsbruchstücke eingefügt werden.

h) Fütterungsruf des ♀. LINSENMAIR gibt für das am Nest erscheinende ♀ einen leisen schnatternden Fütterungsruf an, der das Sperren der Nestlinge auslöst.

i) Nestrufe der Jungen. Im Nest lassen die Jungen beim Füttern ab 7. Lebenstag kurze, langzeitlich gereihte Laute mittlerer bis hoher Frequenzen vernehmen, die am besten mit »zwitschern« bezeichnet werden. Sie sind bis zu einer Entfernung von 4 bis 6 m zu vernehmen, und so ist das Nest leicht zu finden. Beim Herausnehmen aus dem Nest »kreischen« die Jungen meist nur einmal kurz in geringer Lautstärke auf. Dadurch werden die Altvögel alarmiert, sie erscheinen dann fast augenblicklich am Nest und antworten mit dem »Nestgefährdungsruf«.

Ältere Nestlinge und auch flügge Junge rufen in Abständen von etwa 0,1 Sekunden Laute ähnlich »zip« in ansteigenden und abfallenden Frequenzen von 8 bis 12 kHz (BREMOND 1968) (s. auch Bettellaute).

Vorstehend aufgeführte Rufe bestehen aus Lauten oder Lautreihen, deren Elemente unter einer halben Sekunde liegen. Nach TEMBROCK bezeichnet man sie als »Kurzlaute«. Die folgenden Lautäußerungen sind »Langlaute« (Elementenlängen ≥ 0,5 Sekunden).

k) Luftfeind-Warnrufe. Die Alarmrufe der Rotkehlchen (auch einer Reihe anderer Singvögel) sind, wenn sie von Greifvögeln überflogen werden, akustisch völlig anders aufgebaut als die des Hassens auf sitzende Greife und Eulen. Es gilt hier, Artgenossen zu warnen, ohne dabei dem herannahenden Feind die Ortung des Senders zu ermöglichen. Das wird durch Laute hoher Schwingungszahlen (etwa zwischen 6,5 und 8,75 kHz) bei sehr engem Frequenzspektrum von etwa 1 kHz erreicht. Die zeitliche Ausdehnung liegt meist zwischen 0,5 und 0,8 Sekunden, die Pausen zwischen 3 und 4 Sekunden, je nach Erregungsgrad des Vogels. Diese dünnen schrillen Rufe klingen wie »siehh«, sind den Luftfeind-Alarmrufen der Amsel täuschend ähnlich und werden ebenfalls in sehr geringer Lautstärke hervorgebracht. Es ist für den Beobachter, auch wenn er nur wenige Meter vom rufenden Vogel entfernt lauscht, äußerst schwierig, diesen zu erspähen. Dieser Ruf wird nicht selten auch bei Nestgefährdung verwandt.

l) Zugruf. Beim nächtlichen Zug vernimmt man durchdringende lange »Trietsch«-Rufe hoher Frequenz. Vermutlich ist das Spektrum breiter als bei Luftfeind-Warnrufen und kann somit die Ortung des Senders fördern bzw. den Zusammenhalt des Schwarmes während des nächtlichen Zuges bewirken.

m) Abwehrkreischen. Ich vernahm es, wenn ich mich dem in Steinhöhlen brütenden Rotkehlchen-♀ mit der Hand bis auf etwa 5 cm näherte. Der Vogel stößt dann einen geräuschhaften, fauchenden oder zischenden Langlaut der Abwehr aus.

n) Bettellaute. Das Futterbetteln der bereits flüggen, sich im Gebüsch verborgenen aufhaltenden Jungvögel besteht, da es für die Altvögel leicht lokalisierbar sein muß, aus Kurzlauten mit breitem Frequenzspektrum. Ist aber die visuelle Verbindung mit dem Altvogel hergestellt, wird ein gieriger Langlaut ausgestoßen, der dem Bettelruf des adulten ♀ identisch ist, wenn es im Stadium des Nestbauens und des Brütens vom ♂ gefüttert wird.

10.2 Instrumentallaute

Bisweilen kommt es vor, daß kämpfende ♂ einander anfliegen und mit Schnabelklappern, oft ineinander verkrallt, zusammen hochwirbeln.

10.3 Der Gesang

Obwohl der Gesang des Rotkehlchens in der lyrischen Dichtung fast zum Repertoire gehört, kennen und erleben ihn doch nur wenige Menschen in der Natur. Das mag mit daran liegen, daß tagsüber das Rotkehlchenlied im Chor der übrigen Sänger untergeht und auch weniger vorgetragen wird; viel mehr aber daran, daß es sich dem Anfänger in der Vogelstimmenkunde nicht so leicht einprägt. Die rhythmisch betonteren Strophen von Zilpzalp, Buchfink, Goldammer oder Singdrossel werden von den meisten Teilnehmern vogelkundlicher Exkursionen viel schneller begriffen.

Es fällt mir heute noch sehr schwer, Exkursionsteilnehmern den Rotkehlchengesang zu »erklären«, sie erwarten einen bestimmbaren Rhythmus, möglichst mit Worten unterlegt, oder eine gepfiffene Melodie. Das geht nicht. Beschreibende Worte wie »leises, gemütvolles, perlendes Zwitschern« sagen nicht alles und helfen nur wenig. Auf die Klangfarbe kommt es an — und die kann man nicht beschreiben, sie muß

Von den Lautäußerungen 61

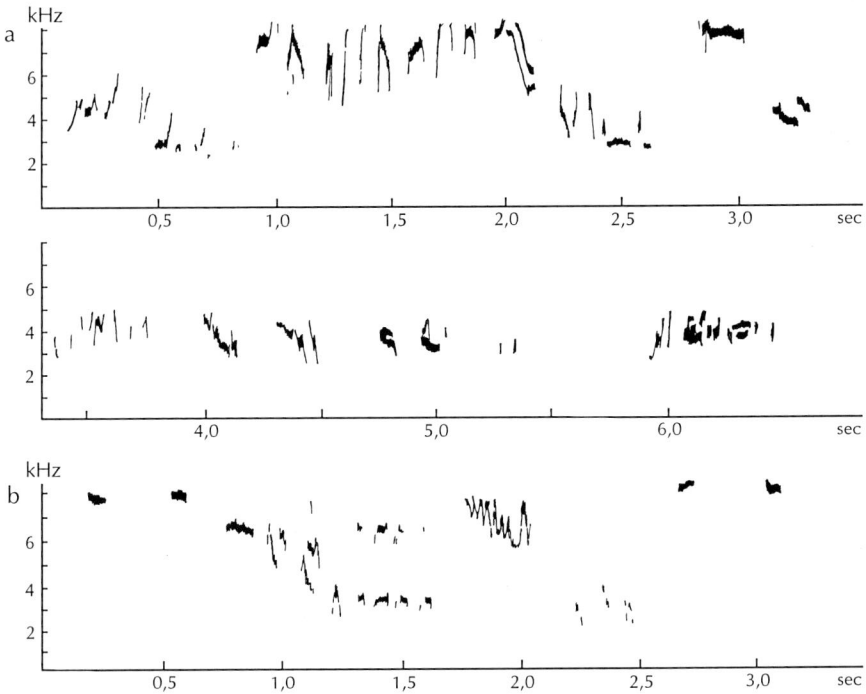

Abb. 28: A Typischer Reviergesang eines Rotkehlchen-♂ im Frühjahr, nach Freilandaufnahme von F. TRETZEL; B Gesangsstrophe eines Rotkehlchen-♀ in Fortpflanzungsstimmung, nach Aufnahmen im Labor durch H. COMTESSE. Die kurzen zwei Laute nahe 8 kHz gehören nicht zum Gesang, sondern sind bei der Kopulatiosnaufforderung geäußerte Rufe. Nachgezeichnet nach GLUTZ & BAUER (1988), mit freundl. Genehmigung des Aula-Verlags, Wiesbaden.

empfunden werden. Hat man sie einmal integriert, verliert man sie nicht wieder. Jedes Rotkehlchen singt etwas anders, aber die Klangfarbe bleibt, selbst wenn der Vogel eine Mönchsgrasmücke imitiert. Kopierte oder gedruckte Sonagramme lassen die typische Klangfarbe selten klar erkennen, da die Schwärzungen der Obertöne oft verlustig gehen.

Einige Worte zum Aufbau des Gesanges (Vollgesang). Das kleinste Teil ist das Element (Kurzlaut). Mehrere Elemente gleicher oder ähnlicher Art (Elementengruppen) bilden ein Motiv, mehrere Motive eine Strophe, mehrere Strophen den Gesang. Zwischen diesen Bauteilen liegen Pausen mit sehr unterschiedlichen zeitlichen Abständen, je nach Stärke der den Gesang beeinflussenden bzw. auslösenden exogenen oder endogenen Faktoren. Nicht selten werden nur Bruchstücke des Gesanges in unterschiedlichen Lautstärken vorgetragen.

Im ungestörten Vollgesang liegt die kontinuierliche Gesangsdauer (Reihe von Strophen) nach meinen Aufzeichnungen zwischen 2 und 25 Minuten, im Mittel bei etwa 8 Minuten. Die Strophenlänge betrug 2 bis 5 Sekunden, wobei etwa 80 % zwischen 2,5 und 3,5 Sekunden lagen. Gute Sänger bringen es manchmal auf 7

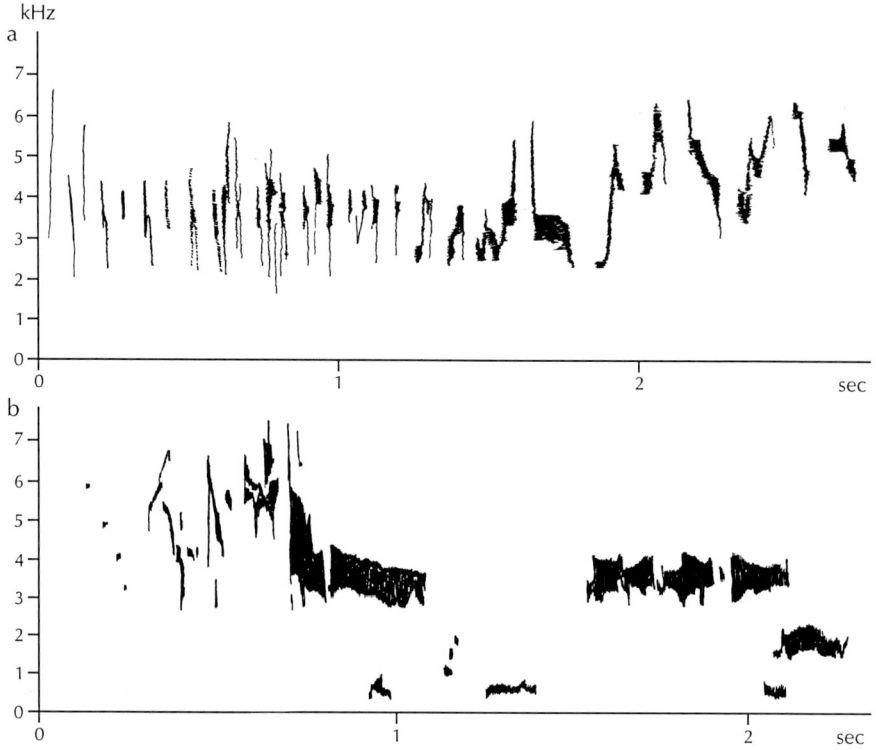

Abb. 29: Gesangsstrophen des Rotkehlchens in Sonogrammen. a aus dem Archiv Prof. TEMBROCK, b nach THORPE (1961).

Sekunden. Die Pausen zwischen den Strophen registrierte ich meist mit 3 und 4 Sekunden, so daß in der Minute 7 bis 9 Strophen erklangen. BREMOND (1968) gibt bei »Ruhegesang« nur 5 Strophen je Minute an, die sich aber bei Revierstreitigkeiten bis zu 12 steigern können, wobei eine Strophe im Mittel aus 4,79 Motiven bestand. Die mittlere Motivdauer betrug 0,446 Sekunden und enthielt 8,12 Elemente, die im Mittel 0,036 Sekunden dauerten und aller 0,01 Sekunden hervorgebracht wurden.

Die Frequenzhöhe kann nach BREMOND (1968) zwischen 1,5 und 12 kHz schwanken, liegt aber nach CHAPPUIS (1976) im europäischen Raum in der Regel zwischen 2,5 und 8 kHz. Bei Rotkehlchen in Marokko und auf Korsika liegt der Frequenzbereich offensichtlich niedriger, selten über 6,5 kHz. Man unterscheidet tiefe Motive zwischen 1,5 und 5 kHz von höheren von 4 bis 12 kHz. Tiefe Motive scheinen zu überwiegen und sie werden auch öfter unmittelbar aneinandergereiht als hohe.

Der mittlere Schalldruck, den BREMOND in einer Entfernung von 1 m vom Vogel maß, betrug 80 – 90 dB (dezi Bel = 1/10 Bel = Maß der relativen Lautstärke bzw. Maßeinheit für akust. Schwingungen nach dem Physiologen GRAHAM BELL).

Das erste Drittel einer Strophe besteht in der Regel aus hohen disharmonischen ab- und ansteigenden Klicklauten mit schleifenden Übergängen und Frequenzsprün-

Von den Lautäußerungen 63

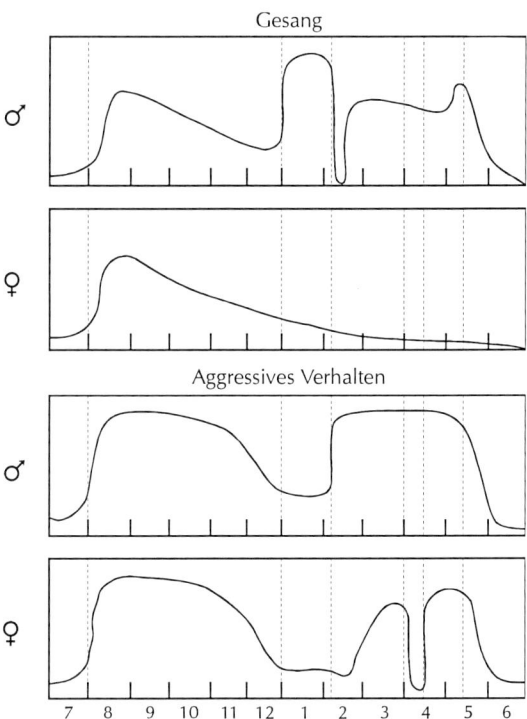

Abb. 30: Gesang und aggressives Verhalten bei englischen Rotkehlchen in Abhängigkeit von der Jahreszeit. Die Ziffern bezeichnen die Monate. Nach LACK. (1965).

gen zwischen 3 und 7 kHz. Diese 4 bis 7 Elemente, stockend, halblaut und mit wechselnder Intensität vorgetragen, fallen dann plötzlich zu perlenden, gleichbleibenden oder auch weiter absinkenden Tonreihen von großer Klangschönheit herab. Sie liegen zwischen 3 und 4 kHz und können bis zu 1,5 kHz absinken. BEETHOVENs »Pastorale« enthält in der »Szene am Bach« ein Motiv, das dem Rotkehlchenlied abgelauscht sein könnte.

Umfang und Intensität des Gesangs werden von Umweltfaktoren und der endogen bedingten Gesangsperiodik beeinflußt. Erstere sind

(1) Jahreszeit,
(2) Helligkeitsgrad,
(3) Witterungsverhältnisse (Regen, Luftfeuchtigkeit, Wind, Temperatur),
(4) durch eindringende Rivalen provozierte Abwehrkämpfe.

Zu (1): Rotkehlchen kann man, mit Ausnahme der Mauserzeit, das ganze Jahr singen hören. Die Hauptsangeszeit fällt in Mitteleuropa in die Monate März bis Juni (Reviergründung, Nestbau, Brüten). Das Maximum liegt im April, wo die tägliche Gesamtgesangsdauer etwa 3 Stunden beträgt. In Aleko (Vitoschagebirge 1 800 m) vernahm ich noch am 18. 7. 1977 Rotkehlchengesang.

Zu (2): Den stärksten Einfluß auf das Gesangsvolumen (= Intensität + Umfang) des Rotkehlchens übt das Dämmerungslicht am Morgen und am Abend aus. Das Rotkehlchen gehört deshalb mit Amsel, Singdrossel, Gartenrotschwanz u. a. zur Gruppe der Dämmerungssänger. Dabei ist die Gesangsintensität in der Morgendämmerung stärker als in den Abendstunden, wo die geschobenen Tick-Laute mehr ins Gewicht fallen. Den täglichen durchschnittlichen Gesangsbeginn haben GEILER & STEFFENS (1973) auch bei anderen Singvögeln im Forstbotanischen Garten Tharandt registriert. In Radebeul notierte ich am 19. 4. 1975 bei wolkenlosem Himmel den Rotkehlchengesang 64 Minuten vor Sonnenaufgang und 19 Minuten nach -untergang. Stark beeindruckend wirkte der Gesang, als zur totalen Sonnenfinsternis am 30. 6. 1954 die Dämmerung plötzlich in Tagesmitte hereinbrach und gleichzeitig die Rotkehlchen des Pillnitzer Schloßparkes bei Dresden ihr Gesangsmaximum entfalteten, das anhielt, bis die Sonne wieder uneingeschränkt schien.

Zu (3): Im Verlauf des hellen Tages korreliert das Gesangsvolumen bis zu einem gewissen Grad mit den Witterungsverhältnissen. Starker Regen läßt den Gesang verstummen, während die nach Niederschlägen angestiegene Luftfeuchtigkeit die Gesangsaktivität fördert. Die Vergrößerung des Gesangsvolumens in der Dämmerung steht sicher mit der um diese Tageszeit erhöhten Luftfeuchtigkeit in Zusammenhang. Leichter Wind bei hohen Lufttemperaturen kann das Behaglichkeitsempfinden und damit die Sangesfreude steigern, ebenso wirkt Nebel eher förderlich als hemmend. Die niedrigste Temperatur, bei der ich ein Rotkehlchen laut singen hörte, lag bei -4 °C an einem nebligen Märzmorgen 1975.

Zu (4): Die in der endogenen Periodik begründeten Gesangspausen können durch unmittelbar ins Revier eingedrungene Artgenossen gestört werden; d. h. durch die Vertreibung des Rivalen durch den Gesang (s. Kap. 11.1.5) wird das Gesangsvolumen des Tages zusätzlich erweitert. Diese Einsätze sind weitgehend zufallsbedingt. An manchen Tagen fehlen sie gänzlich. In der Letzlinger Heide registrierte ich am 24. 4. 1975 während eines Vormittages 5 Abwehrgesänge. Diese zeichnen sich aus durch hastiges Vortragen, auffallend kürzere Strophen, häufigeres Wechseln der Motive in der Frequenzhöhe bis zu extremen Hochtönen bei zunehmendem Schalldruck. In seiner höchsten Intensitätsstufe kann der Abwehrgesang in schrilles Kreischen übergehen.

Im Verlauf des Abwehrgesanges kann es bisweilen zu Gefechten mit tätlichen Auseinandersetzungen kommen (s. Kap. 11.1.6), bei denen der relativ leise »Kampfgesang« zu hören ist. Nach BREMOND (1968) ist hier eine Regelmäßigkeit in der Strophenstruktur nicht mehr erkennbar, auch die Elementenzahl je Motiv ist reduziert, und die Frequenzen liegen oberhalb 4 kHz bei einem Schalldruck von nur 50 bis 60 dB, der sich aber bei einzelnen Elementen und Motiven bis auf 100 dB steigern kann. Nach HOELZEL (1986) sind die Strophen von Sologesängen und Antwortgesängen auf ♀ deutlich länger, sie dienen in erster Linie dem Zusammenhalten der Paare.

Tabelle 4 zeigt den Tagesrhythmus des Gesanges eines von mir verhörten Rotkehlchen-♂ am 19. 4. 1975 bei fast wolkenlosem Himmel und leichtem Wind; SA 5.03 Uhr, SU 19.06 Uhr. Die durchschnittliche Anzahl der Strophen je Minute beträgt danach 7,93. Ab 19.27 bis 19.38 Uhr ließ der kontrollierte Vogel in abgeschwächter Form nur noch den Haßlaut vernehmen, wie er auf Eulen verwandt wird.

Untersuchungen über den Informationsgehalt des Rotkehlchenliedes stellte BREMOND (1968) an. Die Ergebnisse gibt TEMBROCK (1971) wieder. Danach ist der Ge-

Tab. 4: Tagesrhythmus des Gesangs eines am 19. 4. 1975 gehörten Rotkehlchens. Orig.

Temperatur (°C)	kontinuierl. Gesang, vorgetragen von	bis	Gesangsminuten	Anzahl der Strophen etwa
4,0	3.59	4.06	7	56
4,0	4.22	4.31	9	80
4,5	5.00	5.13	13	104
5,0	5.40	5.51	11	82
5,0	6.05	6.18	13	102
5,0	7.25	7.31	6	47
6,0	7.36	7.45	9	65
7,0	7.55	8.01	6	46
9,0	8.05	8.08	3	22
9,0	9.02	9.05	3	21
10,0	9.50	9.55	5	39
12,0	10.09	10.21	12	94
14,0	11.12	11.20	8	63
15,0	11.48	11.57	9	72
16,0	12.08	12.13	5	40
17,0	12.20	12.26	6	43
18,0	13.00	13.04	4	30
19,0	13.38	13.46	8	49
19,0	14.32	14.38	6	51
18,0	15.15	15.23	8	63
17,0	16.00	16.10	10	74
15,0	17.15	17.21	6	49
13,0	18.02	18.09	7	62
12,0	19.00	19.25	25	223
Gesangsminuten insgesamt			199	–
Gesamtzahl der Strophen			–	1577

sang Reviersignal, in dem gleichzeitig mehrere, aber stets die gleichen Informationen »verschlüsselt« enthalten sind. Diese Resultate beziehen sich meines Erachtens auf den Gesang normaler Lautstärke. Den verhaltenen Gesang im Herbst, den man im Dresdener Raum etwa ab 25. September hören kann, möchte ich nicht so pragmatisch bewerten. Analog mit dem Stimmfühlungslaut muß dieser nicht unbedingt für einen Empfänger bestimmt sein, sondern wird mehr aus einem »Behaglichkeitsempfinden« heraus vorgetragen, vielleicht in Verbindung mit einer Revieranzeige.

Nach WÜST (1970) lassen sich auch Dialekte unterscheiden, so z. B. in der Südsteiermark, wo der Rotkehlchengesang vom üblichen abweicht. Unterschiede scheint es besonders in Höhenlagen über 1 000 m zu geben (STADLER in GLUTZ & BAUER 1988), wo die Motive sehr häufig im niederen Bereich von 3,1 bis 3,3 kHz liegen. Auch der Bayerische Wald wird von STADLER als Dialektgebiet angesehen, und CONRADS

Abb. 31: Rotkehlchen beim Herbstgesang mit geschlossenem Schnabel. Foto: PÄTZOLD.

(1988) fand dort eine Häufung der Langelemente »ü« mit etwa horizontalen Frequenzen (im Mittel 3,705 kHz) in 77 % der Strophen. In Südfrankreich stellte TRETZEL (in GLUTZ & BAUER 1988) eine Häufung von Langelementen bei allerdings nur 2 aufgenommenen Vögeln fest. Auch die Rotkehlchen auf den Kanarischen Inseln sollen mit eigenem Dialekt aufwarten (BERGMANN & HELB 1987).

Beim Rotkehlchen singen auch die ♀. Obwohl auch bei einigen anderen europäischen Oscines die ♀ kleine Gesänge von sich geben, sind diese doch nie so ausgeprägt, daß man, wie bei *Erithacus rubecula*, ♂ und ♀ verwechseln könnte. Bemerkenswert ist, daß offenbar beide Geschlechter ♂-Gesang vom ♀-Gesang unterscheiden können, was uns Menschen ohne vergleichende Sonagramme schwerlich gelingt. Im Fortpflanzungszyklus singen aber ♀ viel weniger als ♂ und nach HOELZEL (1986) mit auffallend kürzeren Strophen. Die Anzahl der Frequenzwechsel in Höhenlagen über 2 kHz ist höher, und die Strophen werden viel öfter wiederholt, als die ♂ das tun. Auch singen in der Regel ♀♀ von niedrigeren Sitzplätzen aus als die ♂♂. Im Herbst bzw. im Winterquartier steigert sich der Gesang der ♀ in Umfang und Intensität, sobald sie dort eigene Reviere behaupten.

Rotkehlchen sind auch Spötter. Am häufigsten hört man Teile des Liedes der Mönchsgrasmücke, nicht selten in Sachsen auch den vollen Überschlag. Auch Strophenteile von Fitislaubsänger, Goldammer, Buchfink und sogar von Feldlerchen werden im Rotkehlchengesang vernommen, am häufigsten aber diverse Meisenrufe fast aller europäischen Arten, wobei die Kohlmeise dominiert. Imitationen sind sicher keine Träger von Informationen.

Bisweilen sind Rotkehlchen auch ausgesprochene Nachtsänger, wie ZUCCHI (1974) feststellen konnte.

Die obere Hörgrenze (durch Dressur ermittelt) geben BERNDT & MEISE (1959) beim Rotkehlchen und Mensch mit 21 kHz an, demgegenüber liegt sie beim Star bei 15 kHz, beim Haussperling bei 20 kHz und beim Buchfink bei 25 kHz.

Bei Liebhabern wird der Rotkehlchengesang infolge seiner starken emotionellen Wirkung hoch geschätzt. Sie unterscheiden »Wipfel-« und »Strauchsänger« und sprechen ersteren die höhere Qualität zu. Tatsächlich singen diese ♂ feuriger und motivreicher (Aggressionsbereitschaft). Dennoch liegt solcher Beurteilung ein Irrtum zugrunde, denn der »Strauchsänger« wird »Wipfelsänger«, wenn sich ein Eindringling in Nähe der Reviergrenze zeigt, der mit Gesang vertrieben werden soll (s. Kap. 11.1.5).

10.4 Gesang — angeboren oder erworben?

Eine Anzahl von Berichten bezeugt die akustische Lernfähigkeit der Rotkehlchen und das Nichthervorbringen des arteigenen Gesanges, wenn der Vorsänger fehlt.

So muß der Gesang erlernt werden. Das geschieht in einer prägesensiblen Phase kurz vor und besonders unmittelbar nach dem Nestverlassen der Jungen. Dem aufmerksamen Beobachter fällt auf, daß das ♂ in dieser Zeit seinen Gesang kräftig steigert und diesen nur wenige Meter entfernt von den Jungen hervorbringt. Obwohl die Jungvögel danach noch wochenlang nicht singen, haben sie doch den arteigenen Gesang integriert, sind darauf geprägt und bringen ihn im späten Juli zum Vortrag, in der Regel noch 14 Tage vor dem Herbstgesang der Altvögel.

Allerdings ist dieser Jugendgesang noch nicht voll ausgebildet; der geübte Beobachter hört das. Man hat das Gefühl, daß der Vogel wohl »weiß«, wie er zu singen hat, aber es gelingt ihm noch nicht recht. Auch ist dieser Gesang deutlich leiser. Nach BREMOND (1968) liegt der Schalldruck im Mittel nur zwischen 30 und 50 dB. Die Elemente sind weniger scharf getrennt als beim Gesang der Altvögel, so daß Motive mit deutlichen Frequenzsprüngen kaum erkennbar werden.

Noch einige Berichte von der Lernfähigkeit der Rotkehlchen im Prägealter. So schreibt BARRINGTON (in LACK 1965): »Ich zog ein junges Rotkehlchen neben einer gut singenden Nachtigall auf, die jedoch bereits nach 14 Tagen ihren Gesang einstellte. Das erwachsene Rotkehlchen trug später 2/3 des Nachtigallengesanges vor, der Rest war undefinierbar«. Derselbe Ornithologe erhielt ein gekäfigtes Rotkehlchen, das wie ein »Feldlerchen–Hänfling« sang, das heißt, wie ein Hänfling, der von einer Feldlerche aufgezogen worden war und also feldlerchenähnlich sang.

Das Rotkehlchen auch Worte nachzusprechen lernen, klingt unglaubhaft. So gab es 1823 in Edinburgh eine Dame, deren zahmes Rotkehlchen angeblich die Worte »Wie geht es Dir« und auch andere Worte nachahmen konnte, was LACK bezweifelte. Später, als ähnliche Berichte von Drosseln bekannt wurden, milderten sich seine Zweifel. Berühmt wurde auch eine Mönchsgrasmücke, die (angeblich) die Worte »mio nino chiceritito« (mein allerliebstes Kindchen) deutlich nachzusprechen lernte. Der Vogel war von einer Nonne aufgezogen worden, die ihm bei der Fütterung ständig diese Worte vorgesprochen hatte. In diesem Falle wirkt das glaubhafter, da diese Laute etwas an den »Überschlag« des Mönchs erinnern.

11 Fortpflanzungsbiologie

11.1 Das Territorium

11.1.1 Allgemeines

Nach ihren Funktionen geordnet unterscheidet man Paarbildungs-, Nist- und Winterreviere. Beim Rotkehlchen fallen Paarbildungs- und Nistrevier zusammen. Manche im Brutgebiet überwinternde ♂ behalten ihr Nistrevier auch während des Winters, so daß sich in diesem Fall auch Winter- und Brutrevier decken.

11.1.2 Reviergrenzen

Das Revier des Rotkehlchens ist in erster Linie der Raum, in dem es singt. Meist deckt er sich mit dem Gebiet, in dem Nahrung gesucht wird; doch scheinen die Grenzen meist nicht so scharf gezogen zu sein, denn es sind zahlreiche Fälle bekannt, wo Rotkehlchenpaare mit Minimalrevieren die Nahrung zur Aufzucht der Jungen zum großen Teil aus dem nachbarlichen Territorium besorgten.

In vielen Fällen sind die Grenzen natürlicher Art, z. B. Gehölzgruppen, Waldränder, Gewässer, Wiesen, Weiden oder Ackerflächen oder auch nur einzeln stehende Bäume oder Sträucher, die nicht einmal augenfällig zu sein brauchen. In kultivierten oder halbkultivierten Biotopen dienen Zäune, Gerüste, Gebäude oder Straßenzüge als Grenzmarkierungen. Auch dort, wo man keine besonderen äußeren Merkmale entdeckt, sind die Reviere immer noch scharf durch die Zusammenstöße mit den Nachbarn gekennzeichnet. Der geometrische Verlauf der Grenzen ist meist geradlinig oder den Biotopgrenzen angepaßt. Die angeschlossenen Flächen hängen in der Regel zusammen, doch gibt es auch Reviere, die von völlig offenen Landschaftsteilen durchbrochen sind. LACK (1965) berichtet von einem Fall, wo der Revierinhaber etwa 60 m durch offenes Gelände fliegen mußte, um die Grenzen seines anderen Revierteiles zu besingen. Auch BURKITT (1924) beschreibt ein Rotkehlchenrevier, das aus drei parallelen Hecken bestand, zwischen denen offenes Feld lag.

11.1.3 Siedlungsdichte und Reviergröße

Im mitteleuropäischen Raum steht das Rotkehlchen mit Buchfink, Mönchsgrasmücke, Fitis- und Weidenlaubsänger in den ihnen entsprechenden Lebensräumen in der Häufigkeitsfolge ganz vorn. Maximale Siedlungsdichten werden in feuchten unterholzreichen Wäldern erreicht, dabei rangieren Laubwälder vor Nadelwäldern.

Die Größen der Brutreviere liegen in Mitteleuropa bei durchschnittlich 0,7 ha. Das kleinste Territorium stellte ich in meinem Gartenland mit 0,24 ha fest, das größte in der Dresdener Heide lag bei 1,0 ha. LACK (1965) gibt für die mit Obstgehölzen durchzogene Heckenlandschaft Dartingtons (Südengland) nachstehende Größen an: Minimalrevier 0,80 ha, Maximalrevier 1,14 ha, Durchschnittsrevier 0,60 ha.

Im folgenden einige Daten zur Siedlungsdichte in Brutrevieren, angegeben in Brutpaaren je 10 ha, nach verschiedenen Autoren (aus GLUTZ & BAUER 1988):

Eichen-Hainbuchenwald	11	Kiefernaltholz	1,5 – 5,3
Bialowieser Urwald	5,7 – 8,4	Kiefernstangenholz	5,8
Eschen-Erlenbruch	6,7 – 7,7	Kieferndickung	1,5 – 6,7
Junger Erlenbruch	6,1	Kiefernschonung	0,7
Moorbirkenwald	28,5!	Feldgehölz	0,8 – 7,6
Erlenbruchwälder	5,5 – 7,2	Friedhof	1,1 – 5,5
Kiefern-Eichenwälder mit Buche	4,8	Gartenanlagen	0 – 2,22
Fichtenwald, Heidelbeerreich	4,1	Stadtgebiet Demnin (Mecklenburg)	0,1 – 0,2.
Reitgras-Fichtenwald	2,2 – 7,5		

Die Schwankungen sind erheblich und nehmen im allgemeinen mit den Größen der untersuchten Flächen ab. Bemerkenswert ist, daß die Dichten in einem bestimmten Untersuchungsgebiet von einem Jahr zum anderen größeren Schwankungen ausgesetzt sein können, als die in verschiedenen Waldgesellschaften, was durch die sehr unterschiedlichen jährlichen Bestandsstärken (Winterverluste) begründet ist (s. Kap. 19). Andererseits korrelieren steigende Abundanzen in der Regel mit steigendem Anteil des Unterholzes, oft unabhängig vom »Überbau« der Baumarten.

Obengenannte Dichten beziehen sich auf die Brutreviere. Die Größen der Herbst- und Winterreviere, die ja gleichermaßen verteidigt werden (von nur einem Individuum), wenn auch meist weniger heftig, zeigen ebenfalls beträchtliche Schwankungen, sind aber durchschnittlich kleiner. Zur Dichte der Winterreviere in Exemplar je 10 ha einige Werte diverser Autoren (aus GLUTZ & BAUER 1988):

Nordostgriechenland, Acker mit einzelnen Oliven	2	Spanien	2 – 6,9
		Italien, Park von Livorno	43
Olivenhaine mit Ackerbau	49	Schottland	17
Kiefernwälder mit Unterholz	97	bei kalter Witterung	6
Olivenhaine in Waldnähe	142		

Es wäre kurzsichtig, ja falsch, aus den Siedlungsdichten (Abundanzen) die wahren Reviergrößen zu errechnen, wie es bisweilen noch geschieht. Zwei grundsätzliche Fehler haften m. E. diesem Verfahren mindestens an. Zum ersten kann das Ergebnis nur eine maximal zur Verfügung stehende Fläche ausweisen; ob diese wirklich als Revier in vollem Maße genutzt bzw. verteidigt wird, hängt von einer Reihe Faktoren ab, die im nächsten Kapitel angesprochen werden. So könnte sich z. B. bei Zugrundelegen der im Winter ermittelten Abundanzen in Griechenland und Spanien eine Reviergröße bis zu 50 000 m² errechnen lassen, die wohl kaum von einem Rotkehlchen eingenommen bzw. verteidigt würde. Zum zweiten ist die Siedlungsdichte als Ausgangspunkt für die Reviergröße ein viel zu instabiler Wert, da er, wie gesagt, von der Gesamtgröße der Untersuchungsfläche abhängt. Mit zunehmender Untersuchungsfläche würde dann auch die Reviergröße zunehmen, was natürlich nicht den Tatsachen entspricht. Die Größe des Reviers ist viel stabiler als eine Abundanzangabe und wird wesentlich von den individuellen Veranlagungen des Revierbesitzers bestimmt.

Tatsächlich (durch Beobachtung) ermittelte Reviergrößen werden im Winter für Belgien mit 0,2 bis 0,7 ha angegeben, für Großbritannien im Mittel mit 0,4 ha (Adriansen & Dhondt 1984).

11.1.4 Über die Ursachen der unterschiedlichen Reviergrößen

Folgende Faktoren bestimmen meines Erachtens im wesentlichen die Größen der Reviere:

a) Die Anzahl der nach einem Winter verbliebenen bzw. in ein bestimmtes Gebiet zurückkehrenden ♂ (Populationsstärke). Da die Zahl der den Winter überstehenden ♂ bis zu 10 % schwanken kann, steht theoretisch für das einzelne ♂ nach harten Wintern doppelt soviel Revierfläche zur Verfügung wie nach milden Wintern.

b) Die zeitliche Differenz zwischen den Ankunftsdaten der ♂. Die zuerst ankommenden ♂ sind hinsichtlich der Revierauswahl und -größe im Vorteil. Auch bei zunehmendem Populationsdruck behalten diese ♂ immer noch die größeren Territorien. In engem Zusammenhang damit steht

c) die aggressive Veranlagung der einzelnen ♂ bzw. ihre Vitalität. Schwächere oder temperamentlosere Vögel werden, auch wenn sich anfangs noch genügend Raum bietet, kleinere Reviere besingen als solche von kräftigerer Konstitution.

d) Die Beschaffenheit der Biotopgrenzen. Wird das Revier an einer oder zwei Seiten von einem Teich oder einem sonstigen von Rotkehlchen gemiedenen Biotop begrenzt (Randrevier), so steht dem Vogel eine größere Potenz zur Verteidigung der übrigen Grenzen zur Verfügung. So konnte festgestellt werden, daß Rotkehlchen mit einer derart bevorzugten Lage des Territoriums tatsächlich auch überdurchschnittlich große Reviere halten.

e) Die Art des Biotopes. Bei englischen Rotkehlchen stellte Lack (1965), unabhängig von der allgemeinen Populationsstärke des Jahres, fest, daß »Waldrotkehlchen« größere Reviere aufwiesen als »Garten- bzw. Heckenrotkehlchen«. Der Grund dafür ist nicht erkennbar, zumal gerade den Rotkehlchen in den Wäldern mehr Nahrung zur Verfügung stand als den Artgenossen in Heckenlandschaften. Aus dieser Tatsache wird klar, daß die Reviergröße bzw. das Revierverhalten nicht unmittelbar mit der Regelung des Gesamtbestandes der Rotkehlchen in Zusammenhang zu bringen ist.

11.1.5 Die Verteidigung des Reviers

Der zeitliche Aufwand für die Revierverteidigung ist beim Rotkehlchen größer als der für das eigentliche Fortpflanzungsverhalten. Die Verteidigung richtet sich gegen männliche und weibliche Artgenossen. Bisweilen beteiligen sich auch die ♀ an der Bekämpfung von Grenzverletzern, unabhängig von deren Geschlecht.

Als Abwehrmaßnahmen gegen Eindringlinge dienen, aufgezählt von der niederen zur höheren Intensitätsstufe, der Gesang, der Scheinangriff, das »Zurschaustellen« und der offene Kampf. In dieser Reihenfolge wird in der Regel auch verteidigt, d. h.

es wird die nächststärkere Maßnahme nur ergriffen, wenn die vorangegangene erfolglos war. Es kommt daher selten zu einem offenen Kampf. Die Abgrenzung der Reviere ergibt sich meist dadurch, daß sich die Besitzer gegenseitig meiden, nicht durch gewaltsame Eroberung der Territorien.

Naturgemäß kommt es besonders häufig nach der Ankunft der ♂ bzw. der Reviergründung zu Grenzstreitigkeiten. Danach auch, wenn sich das ♂ verpaart hat, denn das ♀ kennt die Grenzen seines neuen Territoriums noch nicht. So kommt es vor, daß das eigene ♂ sein ♀ ins gemeinsame Revier zurückjagt, wenn jenes zum Grenzverletzer wurde. Meist lernen die ankommenden ♀ in 1 bis 2 Tagen die Grenzen ihres Reviers kennen. Am häufigsten kommt es zu Streitigkeiten, wenn das neu angepaarte ♂ seinem die Grenzen nicht kennenden ♀ auf fremdes Territorium folgt und dabei von dem nachbarlichen Revierbesitzer angegriffen wird. Aber auch dann ziehen sich die Grenzverletzer in der Regel schnell zurück, ohne sich in einen Kampf einzulassen.

Die ♀ verhalten sich weniger aggressiv gegen Eindringlinge, doch in der Periode des Nestbaus zeigen auch sie ein betonteres Revierverhalten, da sie beim Aufsuchen des Nistmaterials gezwungen sind, ihre Verborgenheit aufzugeben. Auch vom ♀ werden artgleiche Vögel beiderlei Geschlechts ohne Unterschied bekämpft. Erst mit Brutbeginn setzt bei den ♀ eine merkliche Gleichgültigkeit gegen Reviereindringlinge ein, was erklärlich ist, da eine Aggressionsbereitschaft auf Kosten der Brutintensität ginge.

Abschließend zu diesen allgemeinen Betrachtungen ist festzuhalten, daß das Rotkehlchen ein sehr stark ausgeprägtes Revierverhalten zeigt. Betont werden muß aber, daß der Artnachbar in der Regel nicht von einer Invasion bedroht ist, auch wenn er an Kraft und Wildheit dem Eindringling weit unterlegen sein sollte. Es siegt in den weitaus meisten Fällen nicht der Eindringling oder physisch Stärkere, sondern der ursprüngliche Besitzer, der sein Revier nicht vergrößern will, sondern nur in dem Umfang verteidigt, wie das zur Erhaltung seiner Existenz bzw. seiner Brut notwendig ist.

Im folgenden wird auf die Arten der Revierverteidigung in der Reihenfolge aufsteigender Intensitätsstufen eingegangen, die nicht immer so eingehalten werden müssen (s. unten).

Vertreiben durch den Gesang. Wird ein artgleicher, sich dem Revier nähernder Vogel vom Besitzer bemerkt, so fliegt ihm letzterer gewöhnlich auf 5 – 4 m entgegen und läßt von höherer Warte seinen lauten Gesang erschallen. In den überwiegenden Fällen genügt das, um den Eindringling, der sich meist in den unteren Gebüschregionen leise singend nähert, umkehren zu lassen. Der leise Gesang könnte als Anfrage aufgefaßt werden, ob das Revier noch frei ist. Es geschieht, daß Revierbesitzer und Eindringling sich nicht zu sehen bekommen und doch eine Vertreibung durch den Gesang stattfindet.

In England wurden von 2 736 Gesangskämpfen über 99 % vom Sitzplatz ausgetragen, 71 % davon in 1 bis 3 m Höhe über dem Erdboden (ausnahmsweise bis über 13 m). Die restlichen Gesangskämpfe erfolgten im Flug, überwiegend während der Verfolgung des Eindringlings (HARPER 1985)

Abb. 32: »Singjagd« Nach LACK (1965).

Manchmal ist mit dem lauten Gesang ein Scheinangriff verbunden, wobei der Revierbesitzer singend an dem Eindringling vorbeifliegt. In der Regel wird auch dann das fremde Revier sofort verlassen.

Wie sehr das Singen des Rotkehlchens mit dem Behaupten seines Reviers verknüpft ist, zeigt sich auch darin, daß es dem Beobachter nicht gelingt, ein singendes Rotkehlchen aus seinem Revier zu vertreiben. Es ist bewiesen, daß jedes ♂ nur in seinem Revier laut singt. Nur wenn die Besitzverhältnisse noch ungeklärt sind, d. h., wenn zwei ♂ sich zufällig und gleichzeitig dasselbe Territorium aneignen wollen, singen beide laut. Wir wissen heute, daß der Gesang des Rotkehlchen-♂ auch noch die Aufgabe hat, paarungsfreudige ♀ in das Revier zu locken, es muß aber offenbleiben, ob und wie sich die Gesänge hinsichtlich ihrer Aufgaben unterscheiden.

Daß Rotkehlchen ♂♂ bei der Revierverteidigung ihre unmittelbaren Nachbarn zur Linken und Rechten am Gesang erkennen und auch zu unterscheiden wissen, konnte in jüngster Zeit die Ornithologin EMMA BINDLEY aus Nottigham nachweisen (s. DRÖSCHER 1992). Sie spielte einem Revierbesitzer zuerst Gesänge von verschiedenen ♂♂ vor, die nicht von seinen angrenzenden Nachbarn stammten. Der Besitzer reagierte sofort mit hitzigem Kampfgesang, da er Eindringliche vermutete. Danach spielte E. BINDLEY den Gesang eines unmittelbar angrenzenden Reviernachbarn ab. Der Besitzer antwortete jetzt mit deutlich gemäßigtem Gesang. Offensichtlich kannte er seines Nachbarn Stimme gut, und man hatte sich schon früher über die Grenzen der Territorien geeinigt, so daß keine Gefahr mehr für Aggression bestand. Das Vermeiden von unnötigem Kampf und unnötigem Kräfteverbrauch ist Naturgesetz auch für das streitbare Rotkehlchen. Die Situation änderte sich aber augenblicklich, als dieser Nachbargesang plötzlich vom gegenüberliegenden Revier her ertönte. Der Besitzer war jetzt sichtlich verunsichert und antwortete wiederum mit heftigem Gegengesang, als gälte es einen Eindringling zu vertreiben.

Vertreiben durch »Zurschaustellen«. Es wird in der Regel angewandt, wenn der Eindringling dem mit Gesang anfliegenden Revierbesitzer nicht ausweicht. Letzterer stoppt dann einen bis einen halben Meter vor dem Gegner und stellt sich in Positur, so wie es die Phasen der Abb. 33 zeigen. Immer geschieht das so, daß dem Eindringling die rote Brustfläche zugewandt wird. Steht der Eindringling über dem Revierbesitzer, so richtet Letzterer den Schnabel fast senkrecht nach

Abb. 33: »Zurschaustellen« des Rotkehlchens. Die Haltung beim Vertreiben durch »Zurschaustellen« ist unterschiedlich, je nachdem, ob sich der Eindringling (rechter Vogel) in gleicher Höhe, unter oder über dem angreifenden Revierbesitzer (links) befindet. Nach LACK (1965).

oben und reckt die rote Brust dem Grenzverletzer entgegen. Die Flügel hängen etwas herab, und der Schwanz ist leicht gestelzt (Abb. 33a). Befindet sich der Revierbesitzer noch weiter unter dem Gegner, so intensiviert sich diese Haltung: der Kopf ist dann weit nach rückwärts geneigt, Kehle und Brust wölben sich kugelig dem Grenzverletzer zu, wobei der Schwanz nach oben stelzt. Der Vogel ist ein aufgeplusterter vibrierender Federball (Abb. 33b). Greift der Revierbesitzer nach unten an, so stößt er den Kopf rhythmisch in flacher Abwärtsneigung nach vorn, dem Gegner die rote Brust in voller Größe bietend (Abb. 33c). Meist dreht und pendelt der Vogelkörper dazu bei feststehender Fußhaltung in horizontaler Richtung hin und her. Das geschieht oft äußerst langsam und ist sehr effektvoll. Manchmal erfolgen die Bewegungen in vertikaler Richtung, so daß eine Art Verbeugung vor dem Gegner stattfindet. Diese Bewegungen können auch mit einem Tänzeln der Füße und Flattern der Flügel einhergehen. Oft wird die Schaustellung noch mit Gesangsphasen betont, die normal klingen, aber auch die Form eines hohen charakteristischen Kreischens annehmen können — das ist die wirksamste Waffe in der Revierverteidigung ohne offene Kampfhandlung.

Fortpflanzungsbiologie 75

Ein Rotkehlchen-♂, in seinem Revier in einen Käfig gesetzt, stellte sich trotz seiner bedrängten Lage augenblicklich mit schrillen Tönen »zur Schau«, als sich das ♂ aus dem Nachbarrevier näherte und zum Grenzverletzer wurde. Letzteres ergriff sofort die Flucht, obwohl dem Revierbesitzer an Wildheit und Vitalität weit überlegen. Als daraufhin der Gefangene in das Revier des Geflohenen gestellt wurde, raste dieser in bekannter Wildheit auf den Käfig zu und stellte sich in heftigste Positur. Der Gefangene zeigte Defensiv- und Fluchtverhalten (LACK 1965).

Weitere aufschlußreiche Versuche und Ergebnisse mit Stopfpräparaten siehe auch Kapitel 11.1.7 bis 11.1.9

Das »Zurschaustellen« wird häufig auch heute noch als Werbungshandlung des ♂ gegenüber dem ♀ gedeutet. Diese Ansicht wurde durch LACKs Farbringuntersuchungen widerlegt.

Blaukehlchen und Schafstelzen reagieren in ähnlicher Weise durch »Zurschaustellen« der blauen bzw. gelben Brust.

11.1.6 Invasionsversuche

Sie gehören nicht zu den Regelfällen. LACK beobachtete nur 8 Gefechte, bei denen der Eindringling versuchte, sich das Revier des Besitzers anzueignen. Die Möglichkeit, daß sich der Besitzer der Grenzen seines Territoriums noch nicht sicher war, muß dabei eingeschlossen werden.

Der Streit um die Reviere kann als »Singjagd« (Verf.) oder als offenes Gefecht ausgetragen werden. In den meisten Fällen (nach LACK in 80 % der Invasionsversuche) fällt die Entscheidung bereits durch die »Singjagd«.

Die Singjagd. Hier singt der Eindringling im fremden Revier laut von einem erhöhten Standpunkt aus. Der Eigentümer fliegt an, in den Flugpausen ebenfalls laut singend. Die Vögel jagen sich dann mit gleichen Chancen auf den Sieg, immer zwischen den Flügen laut singend. Gewöhnlich ist die Jagd nach 15 – 30 Minuten entschieden, und der am meisten gejagte Vogel gibt auf. Ist dies der Revierbesitzer, dann singt er oft noch leise einige Stunden in den unteren Regionen der Büsche weiter, ohne von dem neuen Besitzer belästigt zu werden. Verliert der Eindringling, so verläßt er das Revier unverzüglich. In einem von LACK (1965) beobachteten Fall währte diese Jagd 2 Tage, ohne daß es zu einer körperlichen Berührung kam.

Das offene Gefecht. Es gehört zu den Ausnahmen. Versuche mit Stopfpräparaten bewiesen, daß ein direkter Angriff nur erfolgte, wenn die anderen Vertreibungsmittel versagten. Ich wurde nie Zeuge davon. LACK (1965) konnte nur einmal einen schweren Kampf mit Schnabel, Flügel, Krallen und fliegenden Federn beobachten. Er dauerte 2 Stunden. In diesem Fall griff der Ankömmling den bereits verpaarten Revierbesitzer an, siegte, verpaarte sich mit dem ♀ des Vertriebenen und zog mit ihm erfolgreich Junge auf. Der Besiegte sang noch 2 Tage leise im Gebüsch weiter, er wurde nur dann noch etwas gejagt, wenn er sich zu auffällig benahm. Vom dritten Tag an blieb er verschwunden. Berichte von Kämpfen mit tödlichem Ausgang gingen bei LACK nur drei ein. In meinem Garten fand ich ein verendetes Rotkehlchen mit Blutspuren am Hals, während ein zweites in der Nähe sang.

Abb. 34: »Offener Kampf«. Nach LACK (1965).

Nach HARPER (1984 in CRAMP 1988) verliefen von 1 067 beobachteten Begegnungen zwischen Eindringling und Besitzer 13 % in offenen Gefechten mit Körperkontakt, oft unter vorausgegangenen Schaustellungen. Die meisten solcher Gefechte dauern weniger als 1 Minute, danach zieht der Verlierer (in der Regel der Eindringling) ab.

11.1.7 Unterschiedliche und sonderbare Verhaltensweisen gegenüber Stopfpräparaten

Vielleicht gewinnt mancher Leser nach den obigen Ausführungen den Eindruck, daß der Ablauf im Revierverhalten in der geschilderten Weise stereotyp vorprogrammiert ist. Einer so mechanistischen Auffassung widersprechen eine Reihe von Versuchsergebnissen mit recht unterschiedlichen Ausgängen, die der englische Rotkehlchenforscher DAVID LACK (1965) mit Stopfpräparaten gewann und die die individuellen Verschiedenheiten des Rotkehlchencharakters offenbaren.

Zwei Experimente, die in den Winterrevieren von Rotkehlchen angestellt wurden, verliefen völlig negativ. Beim ersten Versuch wurde das ausgestopfte (schon etwas verschmutzte und beschädigte) Muster auf einem Zweig im Territorium befestigt und der Vogel leicht dorthin getrieben: es geschah nichts, vielleicht weil der »Grenzverletzer« völlig bewegungslos blieb. Beim zweiten Mal wurde das Muster an einem Felsen aufgestellt, wo ein Rotkehlchen regelmäßig das ausgestreute Futter aufnahm. Wiederum ereignete sich nichts. Es stellte sich später heraus, daß dieses Individuum einen ausgesprochen sanften Charakter zeigte und auch in der Brutzeit unter keinen Umständen ein ausgestopftes Rotkehlchen angriff.

Bei einem weiteren Versuch im März wurde dasselbe Präparat 30 cm über einem im Bau befindlichen Nest befestigt. Das mit Nistmaterial ankommende ♀ nahm sofort heftige Drohstellung ein, und da der »Eindringling« sich nicht zurückzog, wurde er mit dem Schnabel bearbeitet. Auch das ♂ erschien und stellte sich in drohende Positur, reckte den Hals hoch und umturnte das Muster, das, da nur leicht befestigt, durch einen Puff des ♀ nach unten fiel. Das Paar flog ab, nachdem es sich vorher flüchtig in Positur gestellt hatte. Der Versuch wurde am nächsten Tag mit ähnlichem Ergebnis wiederholt, nur waren die Angriffe jetzt weniger heftig. Doch das Paar verließ das Nest! Noch zwei weitere Versuche bei verschiedenen Paaren bauender Vögel wurden mit recht ähnlichen Reaktionen unternommen. Auch diese Paare verließen das Nest, worauf man auf diese Art Experimente verzichtete.

Die nächsten Versuche LACKs wurden mit brütenden Vögeln angestellt. Dabei zeigte sich, daß diese das Muster völlig ignorierten und sich im Brutgeschäft nicht stören ließen. Die ♂ erschienen nicht am Nest.

Abb. 35: Rotkehlchen-♂ am Stopfpräparat. Foto: PÄTZOLD.

Abb. 36: Rotkehlchen-♂ reagiert auf die nur 20 cm entfernt vorgehaltene Attrappe mit starren Blicken; Junge 9 Tage alt. Foto: PÄTZOLD.

Eigene Versuche mit gut erhaltenem Stopfpräparat im Mai 1995 zeigten wenig abweichende Ergebnisse. Fünfzehn Meter vom Nest, das unter Efeu gut getarnt auf einer Grabstelle lag, stellte ich das Muster auf einem Grabkreuz auf. Am 1. Bruttag auf vorletztem Ei erschien im Laufe von 6 Beobachtungsstunden nur 4mal das ♂ unmittelbar vor oder hinter dem vermutlichen Rivalen. Vor der ersten Begegnung verharrte der Vogel etwa 3 m schräg über dem Modell im kahlen Zweigwerk einer Fichte und nahm den »Gegner« minutenlang ins Visier, bis er endlich zu einem recht zögerlichen »Angriff« überging. Er ließ sich flatternd herabfallen und stellt sich lautlos vor dem Präparat mit hängenden Flügeln und leicht gestelztem Schwanz in Positur. Doch dauerte diese Schaustellung, die mehrere Male wechselte, kaum länger als 30 Sekunden, dann erfolgte der Abflug. Erst nach 50 Minuten — das ♂ hatte inzwischen sein brütendens ♀ aus dem Nest gelockt und gefüttert — erschien es wieder am Muster, stellte sich aber diesmal dahinter in Positur und nicht länger als 8 – 12 Sekunden. Bei der dritten und vierten Begegnung — nach weiteren 1 bis 2 Stunden mit Zwischenfütterung des ♀ — setzte es sich mit Futter im Schnabel über das Präparat, ohne sich in Positur zu stellen. Es blieb dort über 2

Minuten sitzen und beugte bisweilen den Kopf zu dem Modell hinab, als wollte es ihm Futter anbieten (s. Abb. 35). Es flog jedoch in beiden Fällen mit dem Futter wieder ab, um wenige Minuten später das ♀ zur Futterübergabe aus dem Nest zu locken. Die nächsten und letzten 2 Beobachtungsstunden ignorierte das ♂ das Präparat völlig, während es sein ♀ kontinuierlich mit Nahrung versorgte.

Am 13. Bruttag, kurz vor dem Schlupftermin, wiederholte ich diese Experimente. Jetzt erfolgte kein einziger »Angriff« mehr; auch näherte sich das ♂ nicht mehr dem Modell, obwohl dieses sichtbar aufgestellt war. Ein völliges Ignorieren möchte ich aber nicht annehmen, denn das mit Gewürm erscheinende ♂ ließ sich viel Zeit, bis es das ♀ zur Futterübergabe aus dem Nest lockte. Als ich später das Präparat nur 2 m vom Nest entfernt aufstellte, konnte es sich nicht mehr entschließen, sein ♀ zu füttern. Es hockte 24 Minuten lang mit Gewürm im Schnabel völlig reglos ca. 20 m vom Nest entfernt im Geäst einer Fichte, wo es sich von mir aus 4 m Entfernung leicht fotografieren ließ (s. Farbtafel 1). Erst als ich das Muster entfernte, erfolgte wieder die Normalversorgung des hochbrütigen ♀ in Abständen von 25 bis 40 Minuten. Das ♀ ließ sich jedoch durch das in 2 m Entfernung vom Nest aufgestellte Präparat nicht im Brutgeschäft stören.

Die stärksten Reaktionen auf Stopfpräparate wurden bei Versuchen von LACK (1965) an Nestern mit 6 bis 7 Tage alten Jungen ausgelöst. Zwar verließ kein Paar das Nest, doch war das aggressive Verhalten von der Intensität her sehr unterschiedlich. Einige Paare ignorierten das Muster vollständig, einige griffen nur schwach und kurz an, andere ebenfalls schwach und etwas länger und einige sehr heftig, was von sehr unterschiedlichen Temperamenten der Individuen zeugt. Früher erklärte man sich die verschiedenartigen Reaktionen des Revierbesitzers auf Eindringlinge vor allem durch das mehr oder weniger provozierende bzw. aggressive Verhalten des Grenzverletzers. Die Versuche mit Stopfpräparaten, die ja im gleichen Grade provozieren, beweisen aber, daß es sich dabei tatsächlich um unterschiedliche endogene Zustände des Revierbesitzers handeln muß. Die individuellen Verschiedenheiten offenbaren sich vor allem in der Heftigkeit der Angriffe, seltener in der Art und Weise. So stellen sich einige Vögel in Positur, andere begannen nur mit Drohstellungen, gingen aber in wenigen Augenblicken zum Angriff über, da sich der »Grenzverletzer« nicht zurückzog. Wieder andere unterließen das »in Positur stellen« ganz und gingen sofort mit Füßen und Schnäbeln auf das Muster los. Bemerkenswert war dabei folgendes: Zeigte man später in anderen Situationen denselben Individuen das Muster, so reagierten sie stets in der gleichen Weise wie früher. Das bestätigt die individuelle Gebundenheit der Reaktionen und warnt uns vor Verallgemeinerungen von beobachteten Verhaltensweisen auch bei anderen Vogelarten. Es muß noch gesagt werden, daß die Angriffe auf die vor den Jungen aufgestellten Präparate von Tag zu Tag bis zur völligen Nichtbeachtung nachließen. Letztlich konnte es passieren, daß die Vögel das Muster als bequemen Ansitz benutzten. Nahm man das Muster weg und stellte es später wieder auf, wurde es wiederum angegriffen, aber schon weniger heftig; bei einer dritten Aufstellung nahmen die Angriffe noch mehr ab, um bei weiteren Versuchen ganz zu unterbleiben.

Auch mein Muster, 2 m vor einem Nest mit 4 – 5 Tage alten Jungen aufgestellt, wurde nicht beachtet, weder vom hudernden ♀ noch vom mit Futter ankommenden

♂, dem ich mich oft bis auf 1 m oder sogar noch kürzere Entfernung nähern konnte. Letztlich hielt ich diesem ♂ mein Stopfpräparat aus einer Entfernung von ca. 30 cm direkt vor die Augen: auch da geschah nichts Außergewöhnliches! Der Vogel hüpfte nur wenige cm zur Seite.

Insgesamt reagierten bei Versuchen LACKs 33 Rotkehlchen auf präparierte Exemplare mit mehr oder weniger unterschiedlichen Drohhaltungen und Angriffen. Zwei weitere ♂ zeigten ganz andere Reaktionen: Das neben einem Nest mit nahezu flüggen Jungen aufgestellte Muster wurde von einem ♂ zuerst mit heftiger Drohstellung attackiert, dann aber, nach kurzer Pause, mit Versuchen zur Kopulation bestiegen. Als sein eigenes ♀ dazu kam, jagte er es fort. Bei dem zweiten Paar bestieg das ♂ sofort das Muster, ohne vorher zu drohen, und das 3 Tage lang! Dabei kam einmal sein ♀ dazu und bezog heftige Drohstellung gegenüber dem Präparat. Das ♂ fuhr im Besteigen fort und ignorierte sein ♀. Eine Beobachtung von ELIOT HOWARD (in LACK 1965) schildert ein ähnliches Phänomen. Hier hatte ein verpaartes Rotkehlchen-♂ ein eindringendes fremdes ♀ zuerst vertrieben, doch als dieses plötzlich mit bewegungsloser Duckstellung zur Kopulation aufforderte, wurde es bestiegen und begattet, unmittelbar danach aber heftig aus dem Territorium verjagt.

Das seltsamste aller Ergebnisse mit ausgestopften Rotkehlchen erlebte LACK (1965) an einem Oktobertag im Revier eines Rotkehlchen-♀, das als besonders aggressiv bekannt war. Das Muster wurde volle 40 Minuten lang durch »in Positur stellen«, Drohsingen und Tätlichkeiten attackiert — auch dann noch, als der Forscher abberufen wurde und das Experiment unterbrechen mußte: Er nahm das Muster weg, ging davon und schaute sich zufälligerweise nochmals um. Da sah er das Rotkehlchen-♀ rüttelnd über dem vormaligen Standort des Musters. Es stieß wiederholt heftig in die Luft und bekämpfte den vermeintlichen Gegner weiter, genau dort, wo das Muster gestanden hatte. Nach kurzer Pause folgten drei weitere Angriffe; bei den zwei letzten nahm der Vogel eine Drohstellung etwa 30 cm vor dem ehemaligen Standort des Präparates ein und sang heftig. Ein letzter Angriff mit Drohen und Kampfgesang auf das fiktive Muster erfolgte etwa 1 m davor.

11.1.8 Wieviel und welche Teile eines Rotkehlchenkörpers sind nötig, um ihn vom Artgenossen als Eindringling zu betrachten und zu bekämpfen?

Auch dieser Frage ging LACK (1965) mit Stopfpräparaten, die systematisch reduziert wurden, nach. Ein vollständiges Exemplar wurde von einem wütenden Rotkehlchen so »bearbeitet«, daß es den Kopf verlor. Das kopflose Muster wurde weiter bekämpft, auch noch nach Entfernung des Schwanzes und der Füße, die durch Drähte ersetzt wurden. Als man die Flügel ablöste, erfolgten nicht mehr von allen untersuchten Individuen Angriffe. Schließlich wurde der ganze Rumpf entfernt, und man ließ nur die roten Brustfedern mit einigen weißen Bauchfedern, die an einem Draht befestigt wurden. Auf dieses Federbündel reagierten noch etwa 50 % der Vögel mit Schaustellung und Drohhaltung. Auch Kopf und Hals allein, von einem Draht gehalten, wurden noch zeitweilig angegriffen, sanft und auch heftig.

Rotkehlchen bekämpfen aber nicht nur rote Federstrukturen, sondern bisweilen auch die rote Farbe an sich. So berichtet K. RUGE (1992) von einem Rotkehlchen, das heftige Attacken gegen die roten Gummistiefel eines Gartenarbeiters flog und erst Ruhe gab, nachdem dieser die roten Stiefel gegen schwarze ausgetauscht hatte. Dennoch bin ich mir sicher, daß sich nicht alle Individuen so verhalten, vielleicht sind es sogar die Ausnahmen. Meine Versuche mit einem Stopfpräparat im April 1995 in meinem Garten — mit Sicherheit ein Rotkehlchenrevier — verliefen negativ. Das ♂ sang in der Nestbauperiode oft 10 bis 20 m vom aufgestellten, gut erhaltenen Präparat, ohne drauf zu reagieren. Solche unterschiedlichen Verhaltensweisen geben noch mannigfaltigen Stoff zu weiteren Forschungen an der Psyche dieser Art.

Wie aber reagieren Revierbesitzer, wenn sie ein Rotkehlchenpräparat im Jugendkleid, also mit braun gesprenkelter Brust präsentiert bekommen? 12 von 14 Rotkehlchen ignorierten es völlig, eines stellte sich in Positur und eines griff es tätlich an. Dasselbe Experiment wurde mit einem adulten Rotkehlchenpräparat angestellt, dem die rote Brust und der weiße Bauch mit brauner Farbe überstrichen war: es wurde von keinem Revierbesitzer beachtet, obwohl dasselbe Muster vorher heftige Angriffe provoziert hatte.

11.1.9 Die Signale zur differenzierten Revierverteidigung

Obwohl — wie wir sahen — das gleiche Muster je nach Temperament des Verteidigers unterschiedliche Verhaltensweisen auslösen kann, gleichen sich doch in der Mehrzahl der untersuchten Fälle die Modi der Reaktionen, während die Unterschiede meist in der mehr oder minder hohen Intensitätsstufe der Kampfhandlungen liegen. So wurden z. B. Heckenbraunellen (die nur in der Gestalt dem Rotkehlchen ähnlich sind) ohne vorherige Drohstellung tätlich bekämpft. Auch ausgestopfte Rotkehlchen im Jugendkleid (ohne Rot) wurden von einem besonders temperamentvollen Revierbesitzer mit Stößen attackiert, ohne sich in Positur zu stellen. Tauschte man aber das Muster mit einem adulten (rotbrüstigen) Präparat aus, wurde sofort mit Drohstellung reagiert, ohne tätlichen Angriff. Drohstellungen wurden aber nie beobachtet, wenn ein Rotkehlchen oder ein anderer rotkehlchengroßer Vogel das Revier durchflog: in diesen Fällen kommt es zum Verfolgungsflug.

Diese Versuche, verbunden mit den Resultaten aus Feldbeobachtungen lebender Eindringlinge führten nach LACK zu nachstehender Schlußfolgerung. Die Verteidigung besteht aus 3 separaten Handlungen: Drohstellung, Verfolgungsflug und tätlichem Angriff. Jede Handlung wird in der Regel durch ein eigenes Signal ausgelöst (wenn auch Unregelmäßigkeiten bzw. Übersprunghandlungen nicht selten sind):

a) die Drohstellung als Reaktion auf die gelbrote Brust;

b) der Verfolgungsflug durch Ansichtigwerden eines das Revier durchfliegenden Vogels in der Größe eines Rotkehlchens;

c) der tätliche Angriff durch die bloße Gestalt des Eindringlings.

Ein 4. Signal kann noch hinzugefügt werden: der Gesang. Er löst in der Regel ebenfalls Gesang beim Revierbesitzer aus. Darüber hinaus werden die Handlungen a) und b) in den meisten Fällen noch durch Kampf- bzw. Abwehrgesänge intensiviert. Jedoch sind gute kraftvolle Sänger nicht immer auch gute Kämpfer und umgekehrt.

An dieser Stelle sei ein von LACK (1965) aufgeführter Bericht in einer englischen Zeitung, der unter dem Titel »Kannibalische Neigung eines Rotkehlchens« veröffentlicht wurde, angeführt. Es handelt sich um eine Schilderung, in der ein Rotkehlchen das Fleisch eines Artgenossen zu sich nahm. Daß ein Rotkehlchen einen Artgenossen tötet, um ihn aufzuessen, halte ich für ausgeschlossen. Die Erklärung LACKs, der einmal Zeuge war, wie ein zufällig auf dem Erdboden aufgestelltes Muster sofort ohne Drohstellung mit Stößen vom revierbesitzenden Rotkehlchen attackiert wurde, ist einleuchtend: Es hatte ein (seltener) Kampf mit tödlichem Ausgang stattgefunden. Da Rotkehlchen bei harter Witterung manchmal auch Fleisch zu sich nehmen, war wohl nach dem tragischem Ende des Kampfes die Angriffslust in »Futtersuche« übergesprungen.

Es ist nicht gerechtfertigt, Rotkehlchen stereotyp in aggressive und sanfte Individuen einzuteilen, da beobachtet wurde, daß dieselben Exemplare sich in einer Situation äußerst wild benahmen, in einer anderen wieder sehr mild, was auf komplizierte endogene Vorgänge schließen läßt. Zu wenig ist noch das Verhältnis zwischen dem äußeren Reizmittel und dem inneren Zustand des Vogels erforscht. Der Anteil des männlichen Sexualhormons scheint dabei eine Rolle zu spielen.

11.2 Die Bildung der Paare

Wer das Rotkehlchen in seiner Empfindsamkeit und seiner Aggressivität kennt, wundert sich vielleicht über die relativ wenig auffällige, oft ganz undramatische Weise der Paarbildung. Und das bei einem signifikanten Männchenüberschuß! So wurde z. B. in Südengland von LACK (1965) ein Geschlechtsverhältnis von 55 : 45 ermittelt. Das bedeutet, daß etwa jedes 5. ♂ ohne ♀ bleiben muß. Auch HARPER (1985) fand ähnliche Zahlenverhältnisse: von 71 revierbesitzenden ♂ blieben 14 unverpaart. EAST (1981) gibt 16 % überzählige ♂ an (von 63 ♂ blieben 10 unverpaart), d. h., jedes 6. ♂ blieb ohne ♀. Unverpaarte ♀ wurden dagegen nicht festgestellt.

Die Situation bei der Paarbildung gestaltet sich etwa wie folgt: Ein ♂ hat ein Revier besetzt, verteidigt es eifrig mit Gesang und lockt gleichsam damit die 6 bis 12 Tage später ankommenden paarungsfreudigen ♀ in sein Territorium. Es scheint, daß die ♀ d i e Reviere wählen, die ihnen zusagen und damit auch das in ihm herrschende ♂. Da kommt es nicht selten vor, daß ein ♀ ein oder mehrere Reviere durchzieht und das partnerlose ♂ übergeht, ohne dieses eigentlich kennengelernt zu haben. Das unbeachtet gebliebene ♂ versucht merkwürdigerweise gar nicht, das eingedrungene ♀ zu halten, ihm etwa zu folgen oder es gar zu vergewaltigen, sondern besingt sein Revier permanent weiter. Von einem direkten Kampf um die ♀ ist nichts bekannt, es wäre auch nur vorstellbar, wenn die revierbesitzenden ♂ sich zu Grenzübertritten verleiten ließen, was ja nicht die Regel ist. Die übergangenen ♂ bleiben dennoch in vielen Fällen nicht ohne Partner, denn oft dringt schon eine Stunde später ein anderes ♀ ins Revier ein, das sich mit dem verschmähten ♂ nach einiger Zeit verpaart. LACK beobachtete in England ♀, die im Herbst ein eigenes

Revier verteidigten und im Frühjahr in das Nachbarrevier eines ♂ zogen und sich mit ihm verpaarten. Es ist auch bewiesen, daß manche unverpaart gebliebenen ♂ im nächsten Frühling ein ♀ fanden und erfolgreich Junge aufzogen.

Nach welchen Gesichtspunkten die ♀ wählen, muß also noch offenbleiben. Die Größe des Reviers ist sicher nicht entscheidend, da dieses dem ♀ bei der Gattenwahl noch nicht bekannt ist. So ist belegt, daß ♂ mit Minimalrevieren ein ♀ erwarben, während andere mit doppelt oder dreifach so großen Territorien partnerlos blieben. Auch eine Auswahl nach dem attraktivsten Auftreten oder dem schmucksten Gefieder ist nicht erkennbar. Umgekehrt ist auch nicht beobachtet worden, daß ein lediges ♂ das eingedrungene paarungsfreudige ♀ nicht angenommen hätte; das ♂ wählt also nicht.

Hat sich ein ankommendes ♀ für ein Territorium entschieden, dann naht es sich gewöhnlich singend dem Revierinhaber, wird aber anfangs von diesem wie ein Eindringling empfangen, d. h. mit lautem Gesang oder »Zurschaustellen«. Das ♀ reagiert aber nicht wie ein Grenzverletzer mit Flucht oder Invasionsverhalten, sondern nähert sich dem singenden ♂ mit deutlich leiserem Gesang. Das ♂ weicht oft zurück, und das ♀ unterbricht das Heranfliegen durch scheinbares »Futtersuchen« (Übersprungshandlung infolge Erregung). Dieses Singen, Anfliegen, »Zurschaustellen« und »Futtersuchen«, das man so leicht für einen Kampf halten kann, dauert gewöhnlich 1 bis 2 Stunden; erst dann klingt die drohende Haltung des ♂ ab, und das Paar ist gebildet. Ein »Zurschaustellen« dem ♀ gegenüber wird danach nicht mehr beobachtet, wohl aber wird es von beiden Gatten angewandt gegenüber dritten, die ins Revier eindringen.

BURKITT (1924) und LACK (1965) führen Fälle auf, in denen sich ♀ mit den gleichen ♂ des Vorjahres paarten, in einem Fall sogar 3 Jahre hintereinander. Interessant war dabei, daß sich das ♂ während der ersten Paarbildung deutlich aggressiver benahm als in den folgenden Jahren, was auf ein Wiedererkennen schließen läßt. Andererseits wurde beobachtet, das ein ♀ in drei aufeinanderfolgenden Frühjahren in das gleiche Brutrevier zurückkehrte und sich dort jedesmal mit einem anderen ♂ paarte. Auch wählten manche ♀ andere Gebiete aus, obwohl sich in ihrem vorjährigen Revier ungepaarte ♂ befanden.

In Mitteleuropa beginnt die Paarbildung Mitte bis Ende März, in ungünstigen Jahren auch noch Anfang April. Bis zur eigentlichen geschlechtlichen Werbung, der die Begattung folgt, vergehen dann noch 1 bis 3 Wochen. Im südlichen England, wo die Paarbildung — klimatisch bedingt — bereits zwischen Mitte Dezember und Mitte Februar erfolgt, können bis zur Begattung sogar Monate vergehen.

11.3 Über das Zusammenhalten der Paare

Der Phase der Paarbildung folgt gewöhnlich eine auffällig ruhige zweite Epoche, die bis zu 3 Tagen anhält. In dieser Zeit macht sich das ♀ mit den Reviergrenzen vertraut. Das ♂ folgt ihm dabei in Abständen von 2 bis 10 m. Überfliegt das ♀ die Grenzen, so wird es vom ♂ ins Revier zurückgeholt. In dieser Zeit singt das ♂

immer nur leise, ein Beweis, daß der laute Gesang vor der Paarbildung dem ♀ anzeigen soll, wo noch ein unverpaartes ♂ zu finden ist. Einige Fälle sind registriert, in denen das ♀ unmittelbar nach der Paarbildung wieder verschwand.

Es folgt eine »Verlobungszeit«, in der die Partner sich gegenseitig fast ignorieren und in der das ♂ allmählich wieder zum lauten Gesang übergeht. Daß sich die Vögel dennoch als Paar fühlen, wird nur durch die Verteidigung des gleichen Reviers deutlich und dadurch, daß sie sich gegenseitig nicht befehden. Es verlassen während der »Verlobungszeit« (Paarbildung bis sexuelle Werbung = etwa 1 – 3 Wochen) 10 bis 18 % der ♀ (Lack 1965) das Revier.

Niemals sah ich, daß ein Rotkehlchenpaar bewegungslos und eng nebeneinander in Federfühlung im Strauchwerk hockte, wie es in meinem Garten (Rotkehlchenrevier) Ende April 1995 bei einem Paar Mönchsgrasmücken (*Sylvia atricapilla*) über eine Minute lang beobachtet werden konnte.

Daß Rotkehlchen sich für das Leben paaren, trifft nicht zu, schon deshalb nicht, weil sie im Winter nicht zusammenbleiben und geschlechtlich nahezu inaktiv werden. Es gibt nur einen Bericht von Burkitt (1924) (der als Ausnahmefall bezeichnet werden muß), in dem ein Rotkehlchenpaar auch während des Herbstes und Winters zusammenblieb.

Fälle von Bigamie sind beim Rotkehlchen belegt und scheinen nicht so selten vorzukommen. Lack berichtet von einer Doppelehe, in der die ♀ X und Y jedes für sich ein Revier verteidigten. Nur das ♂ durfte sich frei in beiden Territorien bewegen. Anfangs hielt sich das ♂ fast nur im Revier des ♀ X auf; erst als dieses mit dem Brüten begann, ging es zu dem ♀ Y über. Als die Jungen von X schlüpften, wechselte das ♂ abermals das Territorium und half die Jungen aufzuziehen, es verschwand aber, noch bevor das ♀ Y die Eier erbrütet hatte. Bemerkenswert ist, daß bereits einen Tag nach dem Weggang des ♂ zwei neue ♂ in beide Reviere eindrangen und sich an den Grenzen laut singend befehdeten; ein Fall, der zeigt wie schnell unterbesetzte Reviere von überzähligen ♂ wieder aufgefüllt werden, der aber offenläßt, ob die eingedrungenen ♂ sich um die ledigen ♀ bewarben. Wahrscheinlicher ist, daß Letztere auch hier die Wahl trafen, sich aber infolge des vorgeschrittenen Brutgeschäftes wenig wählerisch zeigten.

Möglicherweise ruft meine Darstellung der Paarbildung und des Paarverhaltens (in denen ich mich neben Eigenbeobachtungen vor allem auf Lack 1965 stützte) beim Leser den Eindruck hervor, als ob die Stufen dieser Prozesse im einzelnen exakt vorprogrammiert seien und so und nicht anders ablaufen müßten. Das hieße, die Wesensart eines höher entwickelten Wirbeltieres zu verkennen. Daß dem nicht so ist, bezeugt eine durchaus glaubwürdige und äußerst lebendige Schilderung von Ogilvie-Grant (in Brehms Tierleben 1925), der beobachtete, wie sich ein Rotkehlchen-♀ einem singenden ♂ näherte, in dem es »in seiner nächsten Nähe herumkokettierte. Das Männchen hörte auf zu singen und näherte sich der Freundin, klappte den Schwanz auf- und vorwärts über den Rücken wie ein Zaunkönig, machte allerlei Wendungen und nahm allerlei Stellungen an. Es wurde immer aufgeregter, streckte seinen Körper nach und nach in seiner ganzen Länge in völlig aufrechter Haltung aus, den Schnabel senkrecht aufwärts in die Luft gereckt, klappte seinen Schwanz in außerordentlicher Weise auf und nieder, wendete seinen Leib nach rechts und links und ließ unaufhörlich ein gurgelndes Gezwitscher hören, wobei seine Kehle stark hervortrat. Das Weibchen schien über diese Leistungen seines Buhlen entzückt zu sein und sträubte in niedergeduckter Stellung sein Seitengefieder. Dann flog es, als das Liebesgezwitscher plötzlich abbrach, davon und das Männchen hinterher«.

11.4 Sexualverhalten

Das eigentliche Geschlechtsverhalten wird mit dem »Futterbetteln« der ♀ eingeleitet und scheint mit dem Nestbautrieb gekoppelt, denn man beobachtet es erst, wenn das ♀ das Nest baut. Der Sinn des Werbungsfütterns liegt wohl in der körperlichen Kontaktaufnahme nach der Zeit des gegenseitigen Ignorierens. Das ♀ stimuliert das ♂ zum Füttern, in dem es einen scharfen Langlaut ausstößt, die Flügel senkt und damit zittert. Dieses Verhalten erinnert an das kreischende Futterbetteln der flüggen Jungvögel. Ein direkter Zusammenhang zur Begattung ist nicht erkennbar, denn diese sah ich stets ohne Einleitungszeremonie vor sich gehen.

Abb. 37: Ein Rotkehlchen-♂ zeigt Kopulationsbereitschaft. Zeichn. F. WEICK aus GLUTZ & BAUER (1988), mit freundl. Genehmigung des Aula-Verlags, Wiesbaden.

Einmal stand das ♀ auffallend ruhig auf einem Fliederzweig in etwa 2 m Höhe, den Kopf hielt es etwas gesenkt, die Körperachse war leicht nach vorn geneigt und die herabgesenkten Flügel zitterten. Der Schnabel war leicht geöffnet, aber ohne vernehmbaren Laut. Plötzlich beflog das ♂, das ich vorher nicht bemerkt hatte, den Rücken des ♀ und vollzog die Kopulation etwa 2 s lang unter schwirrendem Flügelschlag. Danach flog es ab und blieb 5 – 10 s in etwa 1 m Entfernung vom ♀ reglos hocken. Letzteres forderte in der beschriebenen Haltung weiter zur Begattung auf; der Akt wiederholte sich in der gleichen Weise noch einmal, wonach das ♂ außer Sichtweite davonflog. Das ♀ ordnete fast 5 Minuten lang das Gefieder, bis es ebenfalls wegflog.

Manchmal wird der Begattungsaufforderung des ♀ nicht unmittelbar Folge geleistet. Dieses nimmt dann eine übertriebene gebeugte Haltung ein und bewegt den Kopf ruckweise in vertikaler Richtung bei gleichzeitigem Hin- und Herpendeln des Körpers. Das ♂ kommt meist doch noch der Aufforderung nach. Aber auch das Umgekehrte kann festgestellt werden: das ♂ versucht die Begattung, ohne das einleitende Signal des ♀ abzuwarten. LACK beobachtete eine solche »Vergewaltigung«, als das ♀ »Futter bettelte« und sich noch nicht in Begattungsstimmung befand. Ein anderes Mal wollte das ♂ die Kopulation vollziehen, während es gemeinsam mit dem ♀ die Jungen fütterte.

COMTESSE (1993) legte bei seinen Laboruntersuchungen zum Paarungsverhalten an Rotkehlchen für das Maß der Kopulationsbereitschaft des ♀ dessen »Beugewinkel« zugrunde. Ein Schenkel dieses Winkels wird von einer Geraden gebildet, die beim sitzenden Vogel entlang der äußeren Flügelkante durch die Flügelspitze führt, der andere von einer Senkrechten, die am Laufende durch den Ansatz der Zehenwurzel geht (s. Abb. 38). Der Winkel, der sich mit zunehmender Neigung der Körperlängsachse nach vorn vergrößert, wurde als »Beugewinkel« bezeichnet. Mit der Größe des Beugewinkels korreliert positiv auch die »Sitzdauer«, das heißt die Dauer der eingenommenen Kopulationshaltung des ♀: je größer der Beugewinkel, desto länger die Sitzdauer. Die Kopulationsaufforderung der ♀ wurde unter den Laborbedingungen COMTESSES erst nach dem Beginn des Vollgesangs der ♂ beobachtet. Die Haltung von Kopf und Schwanz bei der Kopulationsaufforderung war unterschiedlich: Kopf und Schnabel konnten die Köperlängsachse fortsetzen, aber auch nach oben oder unten abweichen; analoges wurde bei der Schwanzhaltung beobachtet.

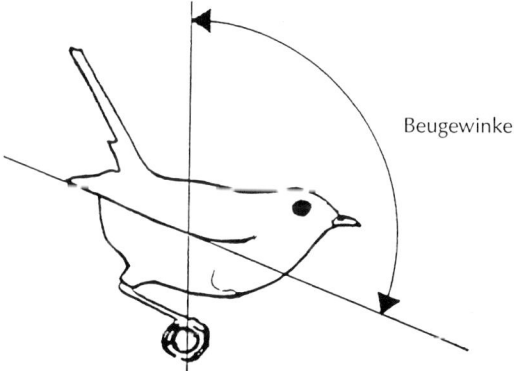

Abb. 38: Messung des Beugewinkels. Aus COMTESSE (1993).

COMTESSE untersuchte speziell die Lautäußerungen während der Sitzdauer. Kurzlaute wurden von den ♀♀ bei jeder Kopulationsaufforderung geäußert, »sofern überhaupt Lautäußerungen zu hören waren, Gesang und Langlaute nicht immer«. Es zeigte sich, daß die Bettellaute adulter ♀♀ und die Kurzlaute zur Kopulationsaufforderung in Höhenlage und Dauer weitgehend übereinstimmten (zwischen 8 und 9 kHz und 0,054 s), nur die Dauer der Pausen unterschieden sich höchst signifikant (0,34 s bei Kopulationsaufforderung gegenüber 2,70 s bei Bettellauten) und bisweilen auch der Schalldruck: mit zunehmendem Beugewinkel wurden die Kurzlaute der Kopulationsaufforderung teilweise leiser als die Bettellaute. Die Anzahl und mittlere Dauer der Kurzlaute sowie die Zahl der ausgestoßenen Elemente je Sekunde (Rufrate) nahm mit wachendem Beugewinkel zu (positive Korrelation), während die mittlere Dauer der Kurzlaut-Pausen abnahm (negative Korrelation).

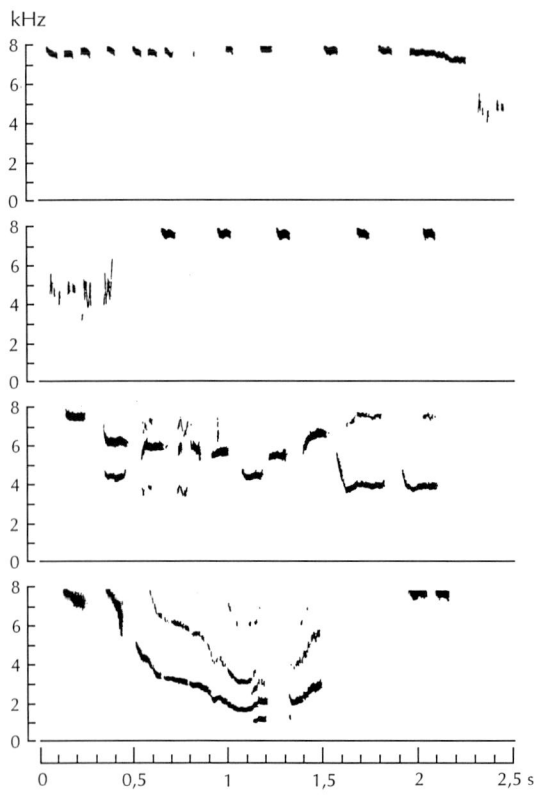

Abb. 39: Die beiden oberen Sonagramme (überlappend) stellen eine Folge von Kurzlauten der Kopulationsaufforderung dar, in die ein Gesangsmotiv des Weibchens (längeres Element zwischen 7 und 8 kHz und die von den übrigen abweichenden Elemente zwischen etwa 4 und 6 kHz) »eingestreut« ist. Die beiden unteren Sonagramme geben Strophen des Weibchen-Gesanges wieder, die ebenfalls bei der Kopulationsaufforderung gesungen wurden. An die Strophe des untersten Sonagramms schließen sich Kurzlaute der Kopulationsaufforderung an (Laute bei 8 kHz). Alle Lautäußerungen von demselben Individuum. Aus COMTESSE (1993).

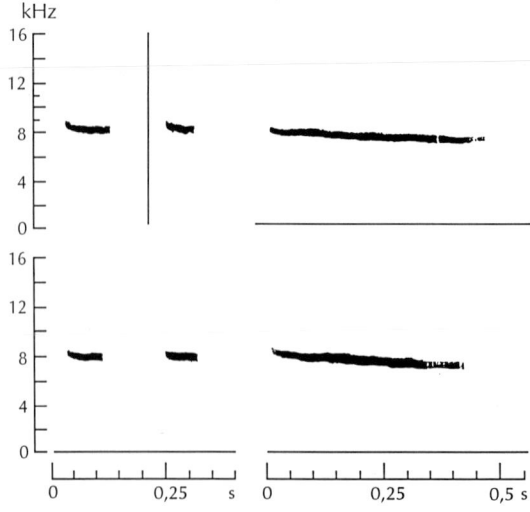

Abb. 40: Unten links: zwei Kurzlaute der Kopulationsaufforderung; oben links: zwei Bettellaute eines adulten Weibchens; unten rechts: Langlaut der Kopulationsaufforderung; oben rechts: Luftwarnruf. Alle Laute stammen von demselben Individuum (Weibchen F). Man beachte die Ähnlichkeit der Kurzlaute der Kopulationsaufforderung mit den Bettellauten sowie des Langlauts der Kopulationsaufforderung mit dem Luftwarnruf. Aus COMTESSE (1993).

Langlaute erklangen seltener, sie konnten durch optische Reize am Ende der Sitzdauer ausgelöst werden, aber auch in den Pausen zwischen den Gesangstrophen der ♂♂. Inwieweit diese andere Handlungsbereitschaften beim ♂ auslösen oder auslösen sollen, muß offen bleiben.

Bemerkenswert erscheint mir, daß bei diesen Laborversuchen durch rein akustische Reize kein Kopulationsversuch der ♂♂ ausgelöst werden konnte, während das bei rein optischen Reizen (orangerote Brust) der Fall war. Die höchste Reizsituation bei den ♂♂ stellte sich jedoch bei naturfarbenen ♀-Attrappen ein, wenn gleichzeitig ein Tonband mit Kurzlauten zur Kopulationsaufforderung vorgeführt wurde.

In der Regel wird die Begattung nur in der Zeit vollzogen, in der das Nest fertiggestellt ist bis zur Ablage des letzten Eies; das sind etwa 7 bis 10 »Hochzeitstage«, an denen täglich ein oder mehrere Male die Kopulation ohne vorherige Einleitung erfolgt.

Abb. 41: Begattung. Zeichn. F. WEICK aus GLUTZ & BAUER (1988), mit freundl. Genehmigung des Aula-Verlags, Wiesbaden.

Auffallend ist für den Beobachter, daß das Verhalten der Vögel in diesem Zeitraum wesentlich gemäßigter ist als vor, während und nach der Paarbildung, in dem die Revierstreitigkeiten dominieren.

Meines Wissens ist bei in Freiheit lebenden Rotkehlchen noch nicht beobachtet worden, daß zwei ♂ gegeneinander kämpfen, um ihren Sexualtrieb bei einem gemeinsam begehrten ♀ abzureagieren. Solchen Vorkommnissen setzt das Revierverhalten eine Schranke. Auch das wechselweise Begatten eines ♀ durch verschiedene ♂, wie es bei Saatkrähen und Birkhühnern festgestellt werden konnte, ist bei Rotkehlchen nicht möglich. Anders in der Voliere, hier wird von LACK (1965) berichtet, daß zwei ♂ unmittelbar nacheinander ein ♀ begatteten, wobei das ♀ den Wechsel der Partner vermutlich nicht bemerkte.

11.5 Erkennen sich Rotkehlchen gegenseitig?

Die aufgeführten Signale zur Revierverteidigung versagen beim angepaarten ♀ des Revierbesitzers: Die rote Brust der Gattin löst in der Regel kein Drohen aus, die fliegende Gattin keinen Verfolgungsflug und ihre Gestalt keinen Stoßangriff. Wohl aber reagiert das ♂ mit den beschriebenen Vertreibungshandlungen, wenn sich ein fremdes ♀ im Revier zeigt. Wir müssen daraus schließen, daß der Revierbesitzer s e i n ♀ genau kennt.

Auch der erwähnte Fall (s. Kap. 11.1.7), daß ein Rotkehlchen-♂ ein Präparat bestieg und es begatten wollte, während es sein dabei anwesendes ♀ ignorierte, kann nicht als Verwechslung gedeutet werden. Er bestätigt im Gegenteil, daß es die Gattin kannte, andernfalls hätte es nämlich ein ihm fremdes Rotkehlchen, unabhängig vom Geschlecht sofort bekämpft. Die bewegungslose Duckstellung reizte in diesem Fall zur Begattung und zur Ignorierung seines ♀ — Kopulationsbereitschaft vorausgesetzt. Es kommt auch vor, daß das ♂ nach einem Angriff auf einen Eindringling für Sekunden sein neben ihm sitzendes ♀ bekämpft, aber sogleich seinen Irrtum einsieht — ebenfalls ein Demonstrieren des Wiedererkennens, das nach den Beobachtungen von LACK (1965) bis zu einer Entfernung von 30 m möglich ist. Welche Gesten und Merkmale dabei eine Rolle spielen, ist noch weitgehend unbekannt.

11.6 Das Nest

11.6.1 Der Standort

Natürliche Neststandorte sind Mulden in bewachsenen oder laubbedeckten Erdböschungen, Felsnischen und Halbhöhlen in Wurzeln und Baumstubben. Der Verfasser fand ein Nest inmitten einer Grabstelle, gut getarnt unter Efeu und Immergrün (Farbtafel 1). Doch fand man auch Nester in mehr oder weniger zerfallenen Höhlen von Grün- und Buntspecht, im Nest einer Singdrossel, Goldammer und Nachtigall. LACK (1965) schreibt, daß das Rotkehlchen den Rotschwanz in der Regel vertreibt, wenn es zu Streitigkeiten um den Nistplatz kommt; auch wird ein Fall angeführt, daß ein Rotkehlchen das Nest des Waldlaubsängers für sich beanspruchte und den Eigentümer daraus verjagte. Andererseits liegen Berichte vor, daß Rotkehlchen von Kohlmeisen, Schwalben und sogar von einem Zaunkönig aus der Nisthöhlung vertrieben wurden. Bisweilen bezieht das Rotkehlchen Nisthöhlen von Staren, was immer mit der Zerstörung seiner Brut endet. Ausnahmsweise fand man auch Nester in dichten Büschen und Hecken.

Erstaunlich, wie variabel der Neststandort wird, wenn Rotkehlchen mit der Zivilisation in Berührung kommen, besonders dort, wo Schuttabladeplätze die Waldränder schänden. In Konservendosen, Eimern, Schuhen, Gießkannen u. ä. wurde gebrütet. LACK berichtet von Nestern in einem alten Brot, einer toten Katze und einem Menschenschädel. Neuere Aufzeichnungen liegen vor von Rotkehlchennestern in Autos und in einem Flugzeug. In einem Fall baute ein Rotkehlchen in einem Eisenbahnwagen und fütterte während der Fahrt seine Jungen groß. Weiterhin wird mitgeteilt, daß ein Gärtner seinen Mantel zur Frühstückspause um 9.15 Uhr in einem Werkzeugschuppen hing und um 13 Uhr in der Manteltasche ein fast fertiggestelltes Rotkehlchennest fand. Eine weitere Kuriosität: Ein Rotkehlchen hatte

---

Abb. 42 (rechts oben): Rotkehlchengelege in einer Mauerhöhlung. Die Innenauskleidung besteht hier gänzlich aus Glasfaserwolle. Foto: PÄTZOLD.

Abb. 43 (rechts unten): Selten findet man Rotkehlchennester in Baumhöhlen über 2 m hoch, hier im hohlen Ast einer Kastanie (linker Hauptast) in 2,4 m Höhe mit am Flugloch erscheinendem ♂ nach dem Füttern des brütenden ♀. Foto: PÄTZOLD.

Fortpflanzungsbiologie

sein Nest in ein zur Frühstücksstunde noch ungemachtes Bett gebaut. Der Besitzer überließ sein Bett den Vögeln, die ihre Brut darin erfolgreich aufzogen.

In künstlichen Nisthöhlen brütet das Rotkehlchen nicht oft, auch wenn diese in genügendem Maße zur Verfügung stehen, denn wenn es nicht am Boden nistet, sind ihm in jedem Fall überdachte Nischen lieber als echte Nisthöhlen in Bäumen, wie sie von Meisen benutzt werden. Nistkästen, die höher als 3 m über dem Erdboden angebracht sind, werden sehr selten angenommen. BERNDT (1949), der von 1936 bis 1942 den Höhlenbrüterbestand in künstlichen Nistgeräten in dem 23 ha großen »Park Prödel« bei Leipzig kontrollierte, konnte nur 1,58 Rotkehlchenpaare registrieren, das waren 0,9 % des durchschnittlichen Gesamthöhlenbrüterbestandes dieses Parks und 4,1 % aller dort brütenden Rotkehlchen.

Nester mit unmittelbarer Bodenberührung überwiegen weitaus gegenüber solchen in höheren Lagen. So standen von 327 in der Schweiz (Vogelwarte Sempach) registrierten Rotkehlchennestern 241 direkt am Boden (73,7 %), 86 deutlich darüber, in Mauernischen (27), Baumspalten (19), verschiedenen meist halboffenen oder defekten Nistgeräten (18), an Gebäuden (12), in alten Amselnestern (3), in Felswänden (2), einem alten Eichhörnchennest (1), auf einem Leitungsmast (1), auf einem Komposthaufen (1), auf einem Heuhaufen (1) und in einer Efeuranke über einem Bach (1). Die maximale Nistplatzhöhe betrug hier 7,50 m (in einem Nistkasten).

In Ilmenau/Thüringen sah ich ein Nest des Rotkehlchens in einer natürlichen Höhle einer Kastanie, das sich in 2,40 m Höhe befand (Abb. 43).

Im Rheinland lagen nach MILDENBERGER (1984, in GLUTZ & BAUER 1988) von 263 Bodennestern 193 an Böschungen, 58 auf ebener Erde und 12 in Blechdosen oder ähnlichen Gefäßen.

Auf den Britischen Inseln, wo das Rotkehlchen in stärkerem Maße menschliche Siedlungen bewohnt, scheint der Prozentsatz der nicht in natürlichen Halbhöhlen brütenden Paare größer zu sein als im übrigen Verbreitungsgebiet. Briefkastenbruten sind dort nicht so selten wie in Mitteleuropa; auch Nester in dichten Hecken und Koniferen findet man in England häufiger als bei uns.

Es ist nicht sicher, ob das ♀ den Standort des Nestes auswählt, und es muß auch offen bleiben, ob bestimmte Standorte (Tief- oder Hochlage) von einzelnen Individuen bevorzugt werden. WICHLER (1928) beobachtete jedoch bei seiner Aufzucht von Rotkehlchen in der Voliere (s. Kap. 17), daß das ♂ den Nistplatz auswählte.

11.6.2 Das Bauen

Wenn das Buschwindröschen (*Anemone nemorosa*) blüht, beginnt das Rotkehlchen bei uns mit dem Nestbau. Dieser Zeitpunkt liegt im Dresdener Raum je nach Witterung und Höhenlage zwischen dem 5. und 20. April, durchschnittlich um den 16. dieses Monats.

In den südlichsten Regionen des Brutgebietes (Kanarische Inseln), aber auch in Südengland, baut das Rotkehlchen bereits Ende März; auf den Azoren, in Spanien, Südbulgarien (unter 300 m) und auf der Krim Mitte April; in der Schweiz und in Frankreich Mitte bis Ende April; in Skandinavien nicht vor Mitte Mai.

Das Bauen für die zweite Brut erfolgt 40 bis 70 Tage danach. Bei gestörten Bruten wurde der Nestbau noch bis Ende Juli beobachtet.

Das ♀ baut in der Regel allein und wird dabei nur selten vom ♂ begleitet. Letzteres singt aber oft über dem bauenden ♀ von hoher Warte aus oder bewacht es dabei fast reglos in Nestnähe. Es liegen auch Berichte vor, nach denen das ♂ Halme aufnahm, diese wieder fallen ließ oder auch dem ♀ übergab. Ganz außergewöhnlich sind die Beobachtungen von FRANKUM (1955) und OLIVIER (1959, in GLUTZ 1988). Hier trugen drei ♂ Nistmaterial in einen Nistkasten ein. Nach POTTI (1981, in GLUTZ & BAUER 1988) baute ein ♂ sogar 5 Tage allein ein begonnenes Nest weiter; das ♀ beteiligte sich erst wieder beim Endausbau.

Gebaut wird vor-, bisweilen auch nachmittags bis zum Einbruch der Dämmerung. Ich beobachtete ein ♀, das am 7. 4. 1974 bereits 5.04 Uhr bei verblassendem Mondschein baute. 11.08 Uhr trug es zum letzten Mal an diesem zweiten Nestbautag ein. Der Bau währte insgesamt 5 Vormittage. LACK (1965) gibt 4 Tage an. Die Dauer ist vom Umfang des Nestes und dieser vom Neststandort bzw. Nesttyp abhängig. In tieferen Mauerlöchern, wo erst eine Unterlage geschaffen werden muß, wird länger gebaut als in einem kleinen Wurzelraum oder auf dem Waldboden.

Die Bautätigkeit ist am ersten und zweiten Tag am intensivsten, wobei die maximalen Leistungen zwischen 7.30 und 8.30 Uhr gebracht werden (26 Eintragungen je Stunde). Zwischen Bautempo und der Art des Nistmaterials scheint ein Zusammenhang zu bestehen. Anfangs, wenn fast ausschließlich trockenes Laub und Moosbündel eingetragen werden, nach denen nicht gesucht zu werden braucht, wird etwa 20- bis 25mal je Stunde eingetragen, und der Vogel verweilt kaum länger als 1 – 2 s im Nest. Am dritten und vierten Bautag, bei der Innenauskleidung mit feinerem Material, registrierte ich nur noch 11 Eintragungen je Stunde als Maximalleistung zwischen 8.00 und 9.00 Uhr. Ein längeres Arbeiten mit dem Material und zeitaufwendiges Ausdrehen der Nestmulde konnte ich nicht beobachten.

Der Umfang der bei einem Anflug herangetragenen Blätter und Moosbüschel ist oft so groß, daß der Vogel fast davon verdeckt wird. Er fliegt damit gewöhnlich nur 0,50 – 1,00 m über dem Boden, bemüht, alle sich bietenden Deckungen zu nutzen. Bei längeren Strecken (etwa über 30 m) wird der Nestanflug im niedrigen Gesträuch oder am Boden für kurze Zeit unterbrochen.

An zwei Nestern registrierte ich den Bauablauf:

1. Vormittag: Eintragen von trockenem Laub und Moos als Unterbau, der aus einem ungeordneten Haufen losen und groben Materials besteht, der mit der Größe der evtl. auszufüllenden Höhlung zunimmt.
2. Vormittag: Die eingetragenen Mooshälmchen dominieren vor dem Laubwerk; obere Nestwandungen werden erkennbar.
3. Vormittag: Die oberen Wandungen werden nach dem Nestgrund zu vervollständigt. Der Nestboden besteht noch aus lockerem Laub.
4. Vormittag: Der Nestboden wird mit Hälmchen verfestigt und der ganze Napf mit feineren Fasern, Tierhaaren und Pflanzenwolle ausgepolstert; oft bereits Ende des Nestbaues.
5. Vormittag: Fortsetzung der Auspolsterung bis zum Endzustand.

Abb. 44: Rotkehlchen-♀ trägt Nistmaterial heran (2. Bautag). Foto: PÄTZOLD.

Das Rotkehlchen verhält sich beim Nestbau meist vorsichtig, fast scheu, so daß man es selten dabei beobachten kann. Wird es beim Aufnehmen von Nistmaterial aus geringer Entfernung überrascht, so läßt es dieses oft fallen und huscht mausartig durchs Unterholz, bis es außer Sichtweite ist. Der Bau wird aufgegeben, wenn ein Stopfpräparat der gleichen Art längere Zeit vor dem halbfertigen Nest steht (LACK). Ein begonnenes Nest, das am 2. Bautag infolge einer Kabellegung drei Tage lang im Abstand von 3 m von einem Bagger und Bauarbeitern beunruhigt wurde, ist noch fertiggestellt und mit einem vollen Gelege versehen worden. In einem Fall gelang es mir nach vorsichtiger Annäherung, dem Bau des Nestes aus einer Entfernung von etwa 9 m ohne Tarnung beizuwohnen, auf der Krim 3 m.

Ein vom Verfasser beobachtetes Rotkehlchen ♀, das auf einer Grabstelle unter Reisig sein Nest baute, setzte, wenn es mit Nistmaterial anflog, sich niemals auf das 1 m entfernte, hölzerne Grabkreuz. Immer flog es direkt zum Neststandort und huschte flugs unter die Reisigdeckung. Erst wenn das Material nach ca. 10 bis 15 s verbaut war, flog der Vogel auf die Spitze des Grabkreuzes, sah sich nach allen Seiten um und flog ab. Bemerkenswert war, daß sich der Vogel beim Aufsuchen des Neststandortes niemals irrte, obwohl sich die Gräber und Grabkreuze in der näheren und weiteren Nachbarschaft sehr ähnelten.

Das Wiederfinden eines begonnenen Nestes bereitet dem bauenden ♀ im allgemeinen keine Schwierigkeiten, auch wenn der Standort nach menschlichen Maßstäben nicht leicht einprägsam erscheint. Jedoch berichtet LACK von einem Nest in einem Rohrstapel; hier baute der Vogel in insgesamt 23 Rohre, weil er diese immer wieder verwechselte. Nach Fertigstellung des Nestes bleibt das Paar bis Brutbeginn nahezu unbemerkt. In meinem Garten hatte ein Rotkehlchen am 2. 6. 1991 ein Nest fertiggestellt und eifrig bis zur Abenddämmerung gebaut (sicher eine Nachbrut, die einen

Farbtafel 1:

Oben links: Rotkehlchen-♂ bewacht sein brütendes ♀, etwa 6 m vom Nest entfernt.
Oben rechts: Rotkehlchen-♂ mit Nahrung für das brütende ♀.
Unten: Rotkehlchengelege, eingebettet in Immergrün und Efeu. Das Gelege wurde nach der Ablage des vorletzten (5.) Eis kontinuierlich bebrütet.
Alle Fotos: PÄTZOLD.

raschen Nestbau erforderte). Jedoch blieben die Altvögel bis zum 10.6. unsichtbar. Da auch keine Eiablage erfolgt war, hielt ich das Nest für aufgegeben und war um so mehr erstaunt, am 11.6. das 1. Ei darin zu finden. Doch dabei blieb es.

11.6.3 Nestgestalt, Abmessungen und Substanz

Rotkehlchennester sind napfförmig gestaltet, wie die der echten Drosseln (Gattung *Turdus*), auch wenn diese Grundform bisweilen durch höhergezogene Wandungen oder Überdachungen nicht klar erkennbar ist. Eine volle Einsicht in das Nest senkrecht von oben ist fast nie möglich, weil der Standort (in der Halbhöhle) so gewählt ist, daß das Nestinnere mindestens zur Hälfte von Erdreich, Grasbüscheln, Steinen, Fels, Fallaub und dergleichen, je nach Typ der Höhlung, verdeckt ist. Andererseits ist belegt, daß Rotkehlchen diese Überdachung auch selbst aus welkem Laub mit wenig Halmwerk errichten.

Der historisch bedeutsamste Bericht darüber, vermutlich die erste Beschreibung eines Rotkehlchennestes überhaupt, liegt von WILLIAM TURNER, dem Vater der britischen Ornithologen, aus dem Jahre 1544 vor. TURNER hatte als Knabe ein Rotkehlchennest unter einem Dornenbusch gefunden, dessen Beschaffenheit er später für die allgemeine Beschreibung eines Rotkehlchennestes zugrunde legte. Doch ließ er hinsichtlich der Übertragung auf alle Nester dieser Art große Vorsicht walten; er schreibt etwa wie folgt: »Es baut seine Nester unter den dichtesten Dornbüschen, dort wo viele Eichenblätter liegen. Wenn es fertig ist, wird es mit Blättern so bedeckt, daß nur auf einer Seite eine Öffnung bleibt. Diese wird mit Laub zu einem langen Vorraum erweitert und dessen Eingang mit Blättern verschlossen, wenn der Vogel zur Nahrungssuche das Nest verläßt. Was ich jetzt schreibe, beobachtete ich, als ich noch sehr jung war. Ich will nicht leugnen, daß das Rotkehlchen auch auf andere Weise sein Nest bauen kann. Wer es anders gesehen hat, soll darüber berichten. Meine Beobachtung habe ich ehrlich mitgeteilt.«

Spätere Autoren haben TURNERs Schilderung von 1544 mit viel weniger Bedenken verallgemeinert. Die neue Literatur bestätigt, daß seine Beobachtung, obwohl ungewöhnlich, dennoch richtig gewesen ist. Man fand noch einige solcher »Tunnelbauten«. Auch Rudimente von Dach- und Vorbauten sind nicht allzu selten. In zwei Felshöhlennestern fand ich den Nestrand an der dem Eingang abgekehrten Seite mit Eichenblättern hochgezogen. Es liegt nicht fern, die überdachte Bauweise als ursprünglichste anzusehen (analog Haussperling). Unterstützt wird dieser Gedanke durch die helle Eifarbe, die eine Tarnung erforderlich macht. Das erwähnte (s. Kap. 11.7.2) und zu begründen versuchte sehr feste Sitzen der Rotkehlchen-♀ müßte sich erst herausgebildet haben, als sich das »Laubenbauen« verlor.

Der eigentliche Napf (über dem aus lockeren Laub- und Moosschichten bestehenden Unterbau) ist aus trockenen Grashalmen oder auch nur aus Moos geformt und mit Würzelchen und Tierhaaren sauber ausgepolstert. In einem Radebeuler Nest in der Nähe einer Baustelle bestand der Innenausbau vollständig aus Glasfaserwolle (s. Abb. 42). Federn werden selten gefunden.

WOODWARD (1960 in GLUTZ & BAUER 1988) analysierte den Rohbau eines Nestes. Er zählte 272 Blätter und 95 Blattfragmente. Der Napf bestand aus 50 % Gräsern,

Farbtafel 2:

Von oben nach unten: 4, 9 und 11 Tage alte Rotkehlchen im Nest und als Einzeltiere. Fotos: PÄTZOLD.

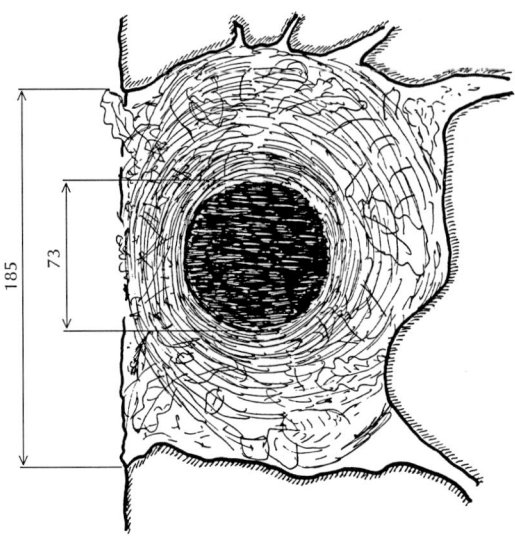

Abb. 45: Nest des Rotkehlchens (*Erithacus r. rubecula*) als Felshöhlentyp (lockerer Unterbau aus Laub und Moos), Draufsicht. Maße in mm. Originalzeichn. nach Aufmaß in der Natur vom Verfasser.

40 % Moosen, einer Gerstenähre, zwei Gerstenhalmen, 2 Stückchen Nylonschnur und etwas Zeitungspapier.

Der obere Durchmesser der Nestmulde mißt 60 – 75 mm, im Mittel 64 mm, die Napftiefe 40 – 50 mm, im Mittel 42 mm. Die Dicke des Nestbodens ohne Unterbau beträgt 20 – 25 mm, im Mittel 22 mm. Die äußeren Maße schwanken beträchtlich, da sie meist von der Größe der vorhandenen Höhlungen abhängig sind. Die oberen Nestwandungen sind mindestens 15 mm dick. Das größte Nest maß ich außen mit etwa 250 x 160 mm, das kleinste (in einer engen Mauerhöhle) mit 110 x 100 mm; ersteres wog 44,2 g, letzteres 18,5 g (mit Unterbau), ein drittes mit sehr fester Struktur und natürlichem Feuchtigkeitsgehalt 27,2 g (völlig trocken 22 g).

11.7 Gelege und Brut

11.7.1 Ei und Gelege

Im Dresdener Raum wird das erste Ei in normalen Jahren um den 21. April gelegt, und das volle Gelege ist entsprechend etwa am 26. dieses Monats zu finden. Das früheste volle Gelege errechnete ich 1974 um den 16. April bei einem Nest an den Radebeuler Weinberghängen bei Dresden. Späte Gelege der ersten Brut infolge ungünstiger Witterung sind hier noch bis Mitte Mai zu beobachten. In normalen Jahren handelt es sich dabei um Nachgelege.

In England lösen milde Winter öfter als bei uns den Brutzyklus aus. Es gibt zwölf Veröffentlichungen über Bruten im Januar, auch aus dem November und Dezember liegen je drei Berichte vor. Die häufigsten Winterbruten wurden im Februar registriert. Sehr selten sind solche Bruten erfolgreich. Jedoch schlüpfte ein Gelege am 8.

Fortpflanzungsbiologie

Abb. 46: Rotkehlchenei (rechts) im Vergleich zum größen- und formidentischen Ei der Mönchsgrasmücke (*Sylvia atricapilla*). Foto: PÄTZOLD.

Dezember in Norfolk, und in Irland wurde am 7. Februar ein Nest mit flüggen Jungen gefunden.

In der Regel werden 2 Gelege im Jahre erbrütet, wobei die Eiablage für die zweite Brut etwa 55 bis 70 Tage nach der ersten erfolgt, im Dresdener Raum also Ende Juni bis Anfang Juli. Doch sind Augustbruten nicht sehr selten. Oft brütet das ♀ bereits wieder, wenn das ♂ noch die Jungen der ersten Brut füttert. Die Eier liegen frühestens 40 Tage nach dem ersten Gelege im Nest.

Für den Kenner ist das Rotkehlchenei kaum mit anderen Eiern europäischer Vögel zu verwechseln; zwar ähneln sie oft sehr denen des Zwergfliegenschnäppers (*Ficedula parva*), doch sind letztere immer deutlich kleiner.

Das Rotkehlchenei ist nach den von MAKATSCH (1976) festgelegten Eigestalten in der Regel »oval« bis »kurzoval«. Die Grundfarbe des Eies der Nominatform ist weißlich bis rahmfarben, seltener mit grünlichem Anflug; gemustert ist es mit zarten rostbräunlichen Punkten und Flecken, die mehr oder weniger dicht verteilt sind und auch Kranz- oder am stumpfen Ende Kappenform annehmen können. Nicht selten sind sehr blasse Eier mit leicht wolkenförmiger Musterung. Innen stimmt die Eischale mit der äußeren Grundfarbe überein. Rotkehlcheneier glänzen nur wenig und erscheinen dünnschalig und durchsichtig.

Die Eier der übrigen Unterarten gleichen nach MAKATSCH (briefl.) »weitgehend der Nominatform, nur die von *Erithacus rubecula superbus* haben meist eine blaß blaugrünliche, statt einer rötlich rahmfarbenen bis gelblich–weißen Grundfarbe.«

Innerhalb eines Geleges differieren die Eier kaum. Man hat festgestellt, daß auch die Tochtereier vom gleichen Typ sind, sogar Anomalien in Farbe und Zeichnung werden vererbt.

214 Eier der Sammlung MAKATSCH messen durchschnittlich 19,99 x 15,08 mm, wobei die maximalen Abmessungen 22,4 x 15,0 und 20,2 x 16,0 mm und die minimalen 17,6 x 14,7 und 18,5 x 14,1 mm betragen. Frisch wiegt das Ei nach MAKATSCH 2,34 g, bei einem Schalengewicht von 0,135 g (0,18 – 0,12 g).

Tab. 5: Vergleichende Eidaten des Rotkehlchens (*Erithacus rubecula*) mit seinen nächsten europäischen Verwandten. Nach SCHÖNWETTER & MEISE (1972).

Art bzw. Subspezies	Länge mm	Breite mm	Achsenverhältnis L : B	Index $\frac{L+B}{2}$	Gewicht g	Schalengewicht g	relatives Schalengewicht %	Schalendicke mm	Anzahl der Eierschalen
Rotkehlchen *Erithacus r. rubecula*	19,6 17,0 – 22,2	15,0 13,8 – 16,1	1,31	17,3	2,4	0,135 0,105 – 0,165	5,6	0,080	200
Rotkehlchen *Erithacus r. melophilus*	19,8 18.0 – 22,3	15,4 14,1 – 17,0	1,29	17,6	2,5	0,135 0,11 – 0,16	5,4	0,080	120
Weißsterniges Blaukehlchen *Luscinia svecica cyanecula*	18,8 17,1 – 20,5	14,2 12,5 – 15,6	1,32	16,5	2,02	0,108 0,10 – 0,13	5,3	0,073	150
Nachtigall *Luscinia m. megarhynchos*	20,9 18,2 – 23,0	15,5 13,9 – 16,9	1,35	18,2	2,65	0,152 0,13 – 0,22	5,7	0,084	200
Sprosser *Luscinia luscinia*	21,8 20,0 – 24,2	16,2 15,3 – 17,1	1,35	19,0	3,05	0,165 0,15 – 0,20	5,4	0,084	80
Hausrotschwanz *Phoenicurus ochruros gibraltariensis*	19,4 17,0 – 21,5	14,4 13,3 – 15,9	1,35	16,9	2,15	0,113 0,09 – 0,13	5,2	0,073	200
Gartenrotschwanz *Phoenicurus ph. phoenicurus*	18,7 16,6 – 21,5	13,8 12,3 – 15,2	1,35	16,25	1,90	0,106 0,08 – 0,13	5,6	0,074	250

Fortpflanzungsbiologie

Abb. 47: Eier von *Erithacus rubecula*. Foto: PÄTZOLD.

Die Durchschnittswerte aller von MA-KATSCH & SCHÖNWETTER (1972) angeführten Eier der Art *Erithacus rubecula* errechnete ich zu D_{857} = 19,59 x 14,97 mm bei einem Achsverhältnis von 1,31.

Die Größe der ersten Gelege steigt im Verbreitungsgebiet von Süden nach Norden an (3,5 bis 6,3, s. Abb. 48), vermutlich in Abhängigkeit von der Länge der Tageshelligkeit während der Brutzeit. Ein Mehr an täglichen Fütterungsstunden erhöht die Potenz zur Aufzucht einer größeren Anzahl von Jungen. In unseren Breiten schwanken die Gelege zwischen 5 und 7 Eiern, wobei 6 als normal anzusehen sind.

Bei der 2. Brut scheint die Gelegegröße um so schwächer zu sein, je weiter sie in den Juli fällt. Im übrigen lassen sich keine Aussagen treffen, ob die Gelege der 2. Brut stärker oder schwächer ausfallen.

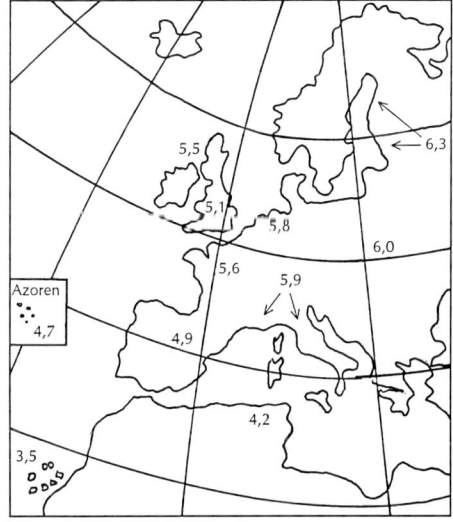

Abb. 48: Gelegegröße der Rotkehlchen. Nach LACK (1965).

In England sind als Ausnahmeerscheinungen Gelege von 8 bis 12 Eiern gefunden worden. Eine Spitzenleistung von 20 Eiern wurde LACK 1944 gemeldet; bei einigen Gelegen konnte die Beteiligung mehrerer ♀ nachgewiesen werden.

Die Ablage der Eier erfolgt in der Regel täglich in den Morgenstunden. Gewöhnlich achtet man bei einem Gelegefund nicht sehr auf die Lage der Eier im Nest. Diese zeigen nämlich mit wenigen (zufälligen) Ausnahmen mit ihrem stumpfen Pol nach außen bzw. oben. Physikalisch ist dies bedingt durch den Schwerpunkt des Eies, der infolge des Luftsackes am stumpfen Ende dem spitzen Pol näher liegt. Biologisch hat das einen tieferen Sinn: Die Schale des stumpfen Eiendes besitzt signifikant mehr mikroskopische Poren als die übrige Eioberfläche und vermag deshalb dem Embryo den lebensnotwendigen Sauerstoff schneller und leichter zuzuführen, wenn dieser Pol der Seite mit der intensiveren Luftzirkulation zugewandt ist. Unten bzw. in der Nestmitte wird ein Kursieren der Luft weitgehend unterbunden, so daß dort der Kohlendioxydgehalt bis auf das 5- bis 9fache gegenüber der Außenluft ansteigen kann. Das Leben der Embryos wäre gefährdet. Wenn das Rotkehlchenweibchen sich während des Brütens ab und an erhebt und für Sekunden über den Eiern steht, sorgt es durch dieses Verhalten für die Sauerstoffzufuhr ihrer Brut, was natürlich bei genannter optimaler Eilage intensiver geschehen kann.

Legenot ist auch bei freilebenden Rotkehlchen nicht ausgeschlossen. Im Juli 1977 zeigte man mir ein ermattetes Rotkehlchen-♀, das auf dem Erdboden lag. Der Unterleib war gerötet und aufgerieben. In die offene Gartenlaube neben ein Schälchen Mehlwürmer gelegt, war es am nächsten Morgen verschwunden, an seiner Stelle lag ein schalenloses Ei normaler Größe mit einer dünnen Haut überzogen.

Es liegen einige Beobachtungen vor, nach denen die Rotkehlchen-♀ in der Legeperiode ihre Eier mit Laub tarnten.

11.7.2 Brutdauer und Brutverhalten

Das Brüten beginnt zum Zeitpunkt der Ablage des letzten Eies und wird nur vom ♀ besorgt. Die Jungen schlüpfen nach einer relativ konstanten Inkubationsdauer von 13,5 Tagen. Der Trieb zum Brüten hält bedeutend länger an, wenn das Schlüpfen ausbleibt. Man registrierte »Brutzeiten« bis zu 5 Wochen, in denen Rotkehlchen auf abgestorbenen Eiern weiterbrüteten.

Das ♀ drückt sich beim Brüten sehr tief in die Nestmulde (Abb. 49, 50) und ist durch seinen olivfarbenen Rücken recht gut getarnt. Es läßt den Menschen fast immer bis zu einem halben Meter, oft noch näher an das Nest herankommen. In vielen Fällen ist es möglich, den brütenden Vogel mit der Hand zu ergreifen, besonders wenn das Nest in Augenhöhe des Beobachters steht. Ein derart festes Sitzen scheint bei Gelegen mit Eiern, die sich hell vom Untergrund abheben in Verbindung mit der guten Schutzfarbe des ♀ eine ökologische Notwendigkeit zu sein.

Die Brutpausen werden so kurz wie möglich gehalten, kaum länger als eine halbe Stunde. In der Regel währt die Brutunterbrechung nur 3 – 5 Minuten, weil das ♀ nicht selbst auf Nahrungssuche gehen muß; es wird vom ♂ in einer Entfernung von 5 – 20 m vom Nest gefüttert. Ein Füttern im Nest würde dieses leicht in Gefahr brin-

Fortpflanzungsbiologie

Abb. 49: Hochbrütiges ♀ im Efeu. 13. Bruttag. Foto: PÄTZOLD.

Abb. 50 (unten): Das brütende Rotkehlchen-♀ drückt sich tief in die Nestmulde. Foto: PÄTZOLD

gen. Gewöhnlich erwartet das futtertragende ♂ das ♀ an einer bestimmten Stelle im Zweigwerk und lockt dieses mit einem kurzen »dib« (Stimmfühlungslaut) aus dem Nest. Das ♀ fliegt bettelnd dem ♂ entgegen, läßt sich füttern und begibt sich wieder ins Nest. Den Vorgang vom Nestverlassen bis zur Rückkehr stoppte ich mit durchschnittlich 2,8 Minuten. Sind dem Beobachter diese Fütterungszeremonien bekannt, so kommt ihm das bei der Nestsuche gut zustatten. Seltener erfolgt das Füttern im Nest. Nach HARPER (1985) erschien in 938 Beobachtungsstunden an 32 Rotkehlchennestern das ♂ im Mittel nur alle 3,6 Stunden beim brütenden ♀.

Das ♀ verbringt in der Inkubationsperiode etwa 67 % der Zeit auf dem Gelege (EAST 1981).

Wird der Vogel vom Nest aufgescheucht, fliegt er in der Regel direkt weg, ein Verleiten wurde selten beobachtet. Brütende Rotkehlchen-♀ ignorierten vor das Nest gestellte Stopfpräparate in jedem Fall, was vorteilhaft erscheint, da jeder Zeitverlust vermieden werden muß. Darüber hinaus paßt eine derartige Aktion nicht in das Muster des natürlichen Brutablaufes (s. auch Kap. 11.1.7).

11.7.3 Das Schlüpfen

Es erfolgt im Dresdener Raum um den 10. Mai, in günstigen Jahren bereits ab 1.5. und nach langen Wintern noch bis zum 25. dieses Monats. Normalerweise sind zu diesem Zeitpunkt die jungen Amseln gerade flugfähig, und der Löwenzahn steht fast in voller Blüte.

Wie die meisten Singvögel, so schlüpfen auch die Rotkehlchen in der Mehrzahl in den Morgenstunden, gewöhnlich zwischen 5 und 9 Uhr.

Im folgenden die Daten beim Schlüpfen, von mir nach Entnahme eines Eies zu Hause unter Brutbedingungen ermittelt:

Uhrzeit	Schlüpffortschritt
7.10	4 mm vom stumpfen Pol entfernt, fast am größten Eidurchmesser, erscheint ein kaum stecknadelkopfgroßer Durchbruchspunkt in der Schale.
7.20	Der Punkt hat sich zu einem 1 mm langen Riß erweitert.
7.55	Riß jetzt 3 mm lang; in Verlängerung davon erscheinen beiderseits feine gezackte Haarrisse von 3 und 6 mm.
7.55 – 8.47	Zustand ohne sichtbare Veränderungen.
8.48 – 8.50	Kurze rhythmische Öffnungs- und Schließbewegungen des Risses, etwa in Sekundenfrequenz, wobei die Öffnungsbreite von 1 – 1,5 mm variiert.
8.51	2 mm breiter und 4 mm langer vibrierender Spalt, in dem der Eizahn deutlich sichtbar wird.
8.52	Spalt erweitert sich sprunghaft auf etwa 4 mm Breite und reicht fast über den gesamten Eiquerschnitt.
8.53 0 s	Ei gerät in Bewegung und rollte etwa 10 mm zur Seite.
10 s	Durch rhythmische Kopfbewegungen bricht die Schale gänzlich auseinander (Abb. 51a)

Fortpflanzungsbiologie

Uhrzeit	Schlüpffortschritt
10 – 15 s	Strampelnde Beinbewegungen befreien den Körper vom längeren, spitzen Eiteil. Der Vogel liegt auf dem Bauch, der Kopf ist noch mit der stumpfen Eikappe bedeckt.
15 – 36 s	Mit den Armen stützt sich der Schlüpfling gegen den unteren Rand der noch haftenden Kappe, drückt diese auf die Unterlage und befreit sich durch ruckartige Kopfbewegungen, die 4mal für 2 – 3 s unterbrochen werden, völlig aus der Hülle (Abb. 51b).
36 – 56 s	Der Schlüpfling liegt reglos auf dem Bauch.
56 – 58 s	Der Schlüpfling sperrt (Abb. 51c).

Abb. 51: Schlupfakt: a Auseinanderbrechen der Schale, b letzte Befreiungsbewegungen, c 20 Sek. nach dem Schlüpfen sperrt das junge Rotkehlchen, d Rotkehlchen 1,5 Tage alt.

Im Nest erfolgt das Schlüpfen unter dem etwas gelüfteten Körper des weiblichen Vogels, der sich mit den Füßen auf den hinteren Nestrand stutzt, so daß Bauch und Brust etwa 2 cm über der Eioberfläche freigeben.

Innerhalb von 4 – 6 Stunden ist das Schlüpfen der Jungen eines Geleges in der Regel abgeschlossen. Jedoch können, besonders wenn der Beginn der Inkubation schon beim vorletzten Ei erfolgte, 1 bis 2 Pulli auch einen Tag später schlüpfen (LACK 1948).

11.7.4 Entwicklungsstadien der Nestlinge und Jungvögel

Tabelle 6 gibt die Durchschnittsdaten von Jungvögeln wieder, die ich regelmäßigen Maß- und Gewichtskontrollen unterzog. Bei den Daten bis zum 13. Lebenstag handelt es sich um 6 Jungvögel eines Nestes, das ich 1974 bis zum Flüggewerden kontrollierte. Die darauffolgenden Werte wurden von 5 Jungvögeln gewonnen, die ich kurz vor dem Ausfliegen in meine Gartenlaube brachte und dort von den freifliegenden Altvögeln (schmaler Fensterspalt als Schlupfloch) bis zur vollen Flugfähigkeit aufziehen ließ. Die Vögel schlüpften in den Morgenstunden und wurden in der Regel zwischen 17.30 und 18.30 Uhr kontrolliert, so daß das Lebensalter zwischen 2 vollen Tagen lag.

Die Gewichte der Nestgeschwister schwanken beträchtlich. Die extremsten Differenzen stellte ich bei 6,5 Tage alten Vögeln fest (45 %). Nach 12,5 Tagen betrug der Gewichtsunterschied nur noch 5 %. LACK (1965) ermittelte, daß auch die Durchschnittsgewichte zwischen Jungen aus verschiedenen Nestern stark variieren, woraus auf eine unterschiedliche Fütterungsintensität der Paare geschlossen werden kann.

Der Gewichtsstop bzw. der leichte Rückgang zwischen dem 10. und 11. Lebenstag ist durch die stärkere Bewegungsintensität der Jungen (Flügelschlagen, Putzen) im Nest erklärbar. Im allgemeinen kann festgestellt werden, daß sich das Gewicht der Schlüpflinge innerhalb der ersten 10 Lebenstage um das 10fache vermehrt und damit etwa das Gewicht der adulten Vögel erreicht hat.

Die Gewichte von Nestvögeln für die Unterart *E. r. melophilus* gibt CRAMP (1988) mit nachstehenden Durchschnittswerten an:

1 Tag alt: 2,2 – 3,2 g
7 Tage alt: 13,1 – 13,9 g
10 Tage alt: 17,8 g (individuelle Unterschiede von 11,6 – 21 g!)
13 Tage alt: 18,2 – 18,5 g (Nestverlassen)

Das Gewicht der flüggen Vögel bleibt bis zum Ende der Jugendmauser nahezu erhalten.

Die Entwicklung des Federkleides verläuft konstanter und fast nur altersbedingt. Es kann deshalb das Alter der Jungen am Befiederungszustand fast auf den Tag bestimmt werden.

Es folgen detaillierte Beobachtungen an den verschiedenen Lebenstagen (*E. r. rubecula*):

Nach dem Schlüpfen. Der Vogel wirkt in seiner blaßroten Farbe, die auf der Unterseite in kräftiges Rot übergeht, fast nackt, da die schwarzen Dunen auf Kopf und Schultern in wenigen Büscheln zusammenkleben. Nach dem Trockenwerden zählte ich auf dem Scheitel 28 und je Schulter 22 Dunen von durchschnittlich 11 mm Länge. Die Dunen frisch geschlüpfter Rotkehlchen verteilen sich auf die Fluren von Stirn, Augen, Nacken, Rücken, Schultern und bisweilen auch auf die Flügel. Pulli vom Sprosser (*Luscinia luscinia*) unterscheiden sich durch das Fehlen der Augen- und Flügelfluren, während bei der Nachtigall (*Luscinia megarhynchos*) über das Vorhandensein der Augenfluren widersprüchliche Angaben vorliegen (GLUTZ & BAUER 1985, Band 10/I). Von europäischen (und außereuropäischen?) Lerchen un-

Tab. 6: Entwicklungsstufen der Jungvögel des Rotkehlchens (*Erithacus r. rubecula*) bis zum Selbständigsein. * = nicht mehr gewogen bzw. nicht mehr gemessen. Orig.

Alter	Ge-wicht	Hand-länge	Flügel-länge	Lauflänge (Tarsome-tatarsus	Schwanz-länge	Schnabel-länge	Kopflänge (Abb. 52)	Gesamtlänge in Hockstellung (Schnabelspitze bis After bzw. Schwanzende)
Tage	g	mm	mm	mm	mm	mm	mm	mm
0,0	1,9	4,0	–	4,0	–	3,0	13,0	31,0
1,5	3,9	5,5	–	8,2	–	4,0	16,5	40,0
2,5	5,2	8,2	–	10,8	–	5,0	18,8	45,0
3,5	7,2	10,0	–	13,8	–	6,0	21,0	50,0
5,4	9,0	12,5	–	16,3	–	6,8	23,0	54,0
5,5	11,2	15,0	24,5	19,0	–	7,5	24,8	57,0
6,5	13,4	16,2	27,0	21,2	–	8,0	26,0	60,0
7,5	15,3	–	30,0	23,5	0,2	8,5	27,5	62,0
8,5	16,3	–	33,0	24,6	1,5	8,8	27,8	67,0
9,5	17,5	–	36,5	24,8	4,0	8,9	28,0	71,0
10,5	17,0	–	40,0	24,8	7,0	9,0	28,1	73,0
11,5	17,1	–	43,0	24,8	10,2	9,0	28,2	75,0
12,5	17,1	–	46,0	24,8	13,8	9,0	28,3	77,0
13,5	17,0	–	48,0	25,0	17,0	9,0	28,3	78,0
14,5	16,9	–	51,0	25,0	20,0	9,0	28,4	82,0
15,5	16,7	–	54,0	25,0	23,0	9,0	28,5	85,0
16,5	16,8	–	56,0	25,0	26,0	9,0	28,5	88,0
17,5	17,0	–	58,0	25,0	29,0	9,0	28,6	91,0
18,5	*	*	60,0	25,0	31,0	9,0	28,7	100,0
19,5	*	*	61,0	25,0	34,0	9,0	28,7	103,0
20,5	*	*	62,0	25,0	36,0	9,0	29,0	106,0
21,5	*	*	63,0	25,0	38,0	9,0	29,0	109,0
22,5	*	*	64,0	25,0	40,0	9,0	29,0	112,0
23,5	*	*	65,0	25,0	42,0	9,0	29,5	114,0
24,5	*	*	66,0	25,0	44,0	9,0	29,5	116,0
25,5	*	*	67,0	25,0	46,0	9,0	29,5	118,0
26,0	*	*	68,0	25,0	48,0	9,0	30,0	121,0
27,5	*	*	69,0	25,0	50,0	9,0	30,0	124,0

terscheiden sich Rotkehlchen außer durch die dunkleren Farben der Dunen durch das Fehlen der Dunen auf den Oberschenkelfluren, sie wirken daher nackter.
Der kugelige schwarze Augapfel mißt 4,3 mm im Durchmesser. Die Gesamtlänge des Beines von Rumpf bis Krallenspitze der Mittelzehe beträgt 14,5 mm, die Breite der gelblichen Schnabelwülste 7,6 mm. Der Schnabel ist hell fleischfarben, und der kaum hellere Eizahn fällt nicht auf. Das Schnabelinnere und die Rachenhöhle sind in diesem Stadium noch zitronengelb. Zungenpunkte fehlen.

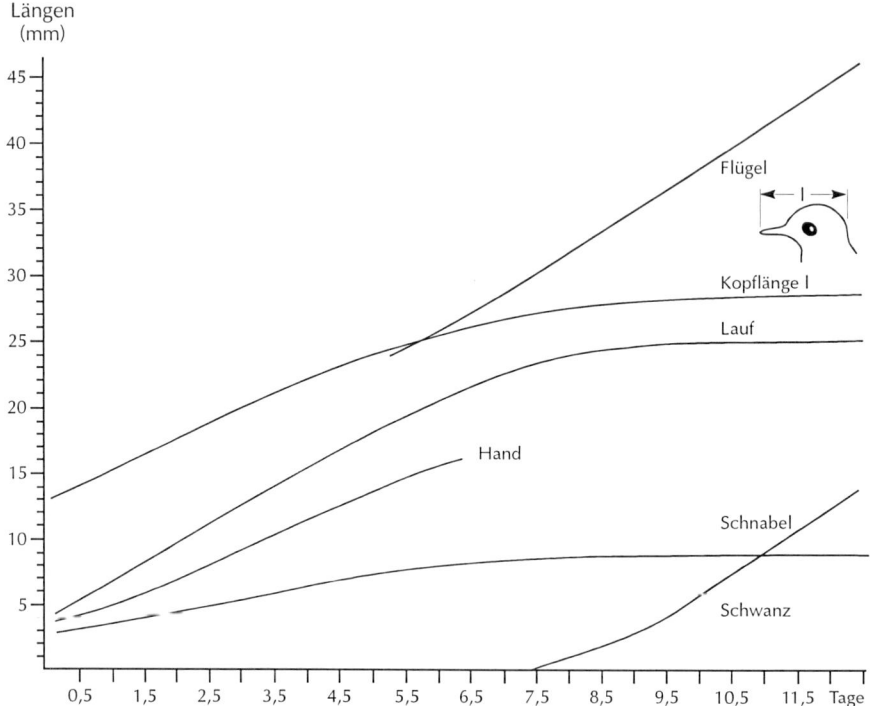

Abb. 52: Wachstumskurven des Rotkehlchens bis zum 13. Lebenstag bei natürlicher Aufzucht. Durchschnittsmaße von 6 Vögeln eines Nestes. Originalzeichn. PÄTZOLD.

Durch Erschütterung des Nestes konnte ich im Gegensatz zu Amseln und Singdrosseln das Sperren nur selten auslösen.

Etwa 1,5 Tage alt. Die Dunen stehen strahlig ab, so daß der Nestling nicht mehr nackt erscheint. Das Sperren erfolgt noch auf akustische Zeichen hin. Die Rachenhöhle zeigt kräftigeres Gelb. Augendurchmesser 6 mm, Schnabelwulstbreite 9 mm.

Etwa 2,5 Tage alt. Rücken, Arm und Hand bekommen dunkel violette Streifen. (LACK 1965 stellte fest, daß die Haut der Nestlinge in den Eichenwäldern durch ausschließliche Fütterung von grünen Raupen das Pigment der Beutetiere annahm) Schnabelwulstbreite 11 mm.

Etwa 3,5 Tage alt. An Hand und Arm sind Kiele erkennbar. Obwohl die Augen noch geschlossen, wälzen sich die Jungen, wenn sie zum Fotografieren aus dem Nest genommen werden, immer nach der dem Licht abgekehrten Seite. Sie sperren jetzt nicht mehr auf den Pfiff hin. Das Herz eines von mir kontrollierten Vogels schlug 112mal in der Minute. Schnabelwulstbreite 13 mm.

Etwa 4,5 Tage alt. Die Augen sind noch geschlossen, zeigen nur andeutungsweise einen Spalt. Federfluren auf Rücken und Bauch deutlich ausgeprägt. Kiele an Arm und Hand etwa 2 mm lang. Aus dem Nest genommen, bewegen sie sich bis zu 5 cm strampelnd fort. Rumpf nimmt Orangefarbe an. Schnabelwulstbreite 13 mm.

Etwa 5,5 Tage alt. Die Jungen hocken in der Futterrichtung im Nest. Augen sind zu Dreiviertel geöffnet. Kiele ragen 6 mm aus der Haut. Die Hand weist mit den Kielen eine Breite von 15 mm auf. Aus dem Nest genommen, können die Jungen bis 15 s lang mit frei gehaltenem Kopf auf den Fersen hocken.

Etwa 6,5 Tage alt. Augen völlig geöffnet. Die Jungen kreischen beim Herausnehmen aus dem Nest. Federfluren auf den Brustseiten 9 mm breit, auf dem Rücken bis 8 mm breit. Breite Hand einschließlich Kiele 16 mm. Vorderseite des Laufes fleischfarben, Rückseite gelb. Das Zwitschern der Nestlinge beim Füttern ist aus 5 m Entfernung gerade noch zu hören.

Etwa 7,5 Tage alt. Nähert man sich mit der Hand dem Nest, dann sperren die Jungen für 2 – 3 s, danach aber drücken sie sich so tief wie möglich in die Nestmulde. Beim Herausnehmen wieder kurzes Aufkreischen. Federrain in der Brustmitte noch 5 mm breit. Federspitzen brechen durch die Kiele. Ein Junges strampelt sich, auf den Boden gesetzt, etwa 2 m fort bis unter das nächste Gebüsch.

Etwa 8,5 Tage alt. Die Jungen machen einen halb befiederten Eindruck, so daß zwischen dem achten und neunten Lebenstag das Wachstum des Körpers im wesentlichen abgeschlossen zu sein scheint und jetzt ein sprunghaftes Wachsen des Gefieders einsetzt. Die Federn der Hand- und Armschwingen sowie die Armdecken ragen 2 mm aus den Kielen. Handdecken stecken noch in den Kielen. Durch die Armdecken, die sich von dem dunklen Rücken orangefarben abheben, bekommt die Oberseite ein buntes Aussehen. Flügel und Federfluren des Rückens berühren sich, dadurch sind alle nackten Stellen der Oberseite verdeckt. Die Fortbewegung der auf den Boden gesetzten Vögel geschieht mehr laufend als hüpfend, sie lassen alle Manipulationen lautlos über sich ergehen.

Etwa 9,5 Tage alt. Die rötlichen Schwanzfedernspitzen sind das Auffallendste an diesem Tag. Die schwarzgrauen Armschwingen ragen 4 mm und die Handschwingen 3 mm aus den Kielen. Die Flügelspannweite beträgt 140 mm. Die Vögel stehen oft aufrecht im Nest, spreizen die Flügel und recken den Kopf hoch. Beim Bewegen einer aus Pappe geschnittenen Rotkehlchenattrappe vor dem Nest sperren sie diese an. Die Fortbewegung auf dem Erdboden erfolgt jetzt vorwiegend hüpfend. Die Kotballen haben maximale Abmessungen von etwa 10 x 18 mm und wiegen durchschnittlich 0,54 g. Bei Störungen verlassen die Jungen bisweilen bereits das Nest.

Ab 11. Lebenstag hielten die Vögel nach Maß- und Gewichtskontrollen nicht mehr im Nest aus. Ungestört währt die Nestlingsdauer 12 bis 15 Tage.

Die Flugleistungen entwickelten sich bei den in Halbgefangenschaft von den Altvögeln großgezogenen Vögeln wie folgt:

12 Tage (Flügel 46 mm):   flattern vom Korbboden auf den 50 cm höheren Korbrand
13 Tage (Flügel 48 mm):   bis etwa 2 m in 0,20 m Höhe
14 Tage (Flügel 51 mm):   bis etwa 5 m in 0,40 m Höhe
15 Tage (Flügel 54 mm):   bis etwa 8 m in etwa 2 m Höhe
16 Tage (Flügel 56 mm):   nicht mehr einzufangen, Versuchstiere entflogen.

Fortpflanzungsbiologie

Abb. 55: Altvogel hat den Kotballen des Nestlings abgenommen. Foto: PÄTZOLD.

Die Flügelspannweite betrug mit 23,5 Tagen 200 mm. Die 10. Handschwinge (äußerste) hatte am 18. Lebenstag ihre Endlänge von 37,5 mm erreicht. Die Krallenlänge der Hinterzehe maß ich am 13. Tag mit 5 mm, sie veränderte sich bis zum 28. Tag nicht mehr. Das Endgewicht war etwa am 10. Tag erreicht.

Ab 18. Tag begannen die Jungen, herabgefallene Futterteile aufzupicken und wippten mit den Schwanzstummeln.

Mit 22 Tagen nahmen sie selbständig »Mehlwürmer« auf, wurden aber bis zum 31. Tag immer noch vom ♂ gefüttert. Freigelassen am 32. Tag in meinem Garten, erschien einer von den 4 Jungvögeln an seinem 34. Lebenstag zu meinen Füßen, als ich umgrub, und erbeutete bereits nach Art der Altvögel die durch den Spaten freigelegten Gliedertiere.

11.7.5 Das Verhalten der Altvögel bei der Aufzucht der Jungen

Das ♀ trägt unmittelbar nach dem Schlüpfen eines Jungen in zweimaligem Flug die zwei Schalenteile 20 – 30 m weg und läßt sie dann fallen. Es wählt dabei fast immer eine ähnliche Flugroute vom Nest. In den wenigsten der beobachteten Fälle kehrte der Vogel danach mit Futter zurück, oft schwenkt er bereits im Flug um und kehrt unverzüglich zu den restlichen Eiern oder Jungen zum Brüten bzw. Hudern zurück. Dennoch erhält der Schlüpfling bereits in den ersten Lebensminuten Futter,

---

Abb. 53 (links oben): Flügges Rotkehlchen. Foto: PÄTZOLD.
Abb. 54 (links unten): Vierzehn Tage alte Rotkehlchen, vom Verfasser nebeneinander gesetzt. Foto: PÄTZOLD.

Abb. 56: Rotkehlchen nach der Fütterung der etwa 5 Tage alten Jungen in einem Erdböschungsnest. Foto: JÄGER.

Abb. 57: Rotkehlchen nach der Fütterung der etwa 6 Tage alten Jungen in einem Felshöhlennest. Foto: PÄTZOLD.

das vom ♂ herangetragen und dem hudernden ♀ zur Weitergabe an ein Junges überreicht wird. Das ♀ erhebt sich zur Entgegennahme des Futters etwas, verringert die Portion auf eine dem Schlüpfling angemessene Größe, in dem es einen Teil selbst verschlingt und füttert damit immer nur ein Junges.

Auch wenn alle Jungen geschlüpft sind, hudert nur das ♀, das in den ersten zwei Tagen das Nest nur wenig verläßt, so daß das ♂ zu etwa 80 % die Fütterung übernimmt. Der Kot wird in dieser ersten Zeit meist vom ♀ abgenommen und verschlungen, später von beiden Vögeln bis zu etwa 30 m weggetragen. PEIPONEN (1963) deutet das Verschlingen des Kotes beim Blaukehlchen als hormonale Stimulierung des Fütterungstriebes. Ich sah nur das ♀ in der Huderungszeit Kot verschlingen, danach aber flog es fast nie zur Fütterungssuche, sondern ließ sich eiligst zum Hudern nieder. Daraus könnte auch der Eindruck entstehen, daß der Kot verschlungen wird, um die Schlüpflinge nicht zu lange der kühleren Temperatur auszusetzen.

Ab 4. bis 5. Lebenstag der Jungen ist ein merkliches Nachlassen der Huderaktivität festzustellen (nur etwa 4 Stunden außerhalb der Nacht). Die Länge der Huderphasen variiert innerhalb der gesamten Nestlingszeit nur wenig und liegt zwischen 10 und 14 Minuten. Die Jungen werden ab dem 8. oder 9. Lebenstag auch nachts nicht mehr gehudert.

Die Intervalle der Fütterungen sind durch Witterungsunbilden, Feinde und eigene Nahrungssuche unterschiedlich. In den ersten 2 Tagen ermittelte ich durchschnittliche Abstände von 9,7 min, am dritten bis fünften Tag 4,2 min und am siebenten Tag 3,5 min.

Die höchste Fütterungsfrequenz überhaupt registrierte ich am 11. Lebenstag, hier wurde zwischen 14 und 15 Uhr 36mal gefüttert, also alle 1,7 min. Die Fütterungszeit währte an diesem Tag von 3.14 bis 20.47 Uhr. Ab 12. bis 16. Lebenstag (Fütterungen in der Laube) fielen die Intervalle wieder bis auf durchschnittlich 6 min. Ab 17. bis 23. Lebenstag wurden Pausen bis zu 30 min eingelegt bei einer durchschnittlichen Frequenz von 12 min. In dieser zuletzt kontrollierten Periode fütterte ausschließlich das ♂. Obwohl bei großen Bruten die Nestbesuche in der Zeiteinheit ansteigen, lassen sich doch keine gesicherten Korrelationen zwischen Jungenzahl und Fütterungen nachweisen. Vermutlich erhält das einzelne Junge einer siebenköpfigen Brut weniger Nahrung als bei 4 Nestgeschwistern, dafür ist der Wärmeverlust auch geringer. Wird ein Altvogel bei der Fütterung plötzlich überrascht, dann verfällt er nicht selten in eine Schreckstarre.

Das Erstarren am Nest ist eine nützliche instinktive Reaktion, die die Brut tarnt und schützt. Nicht selten wurde ich für Augenblicke getäuscht, wenn ich an ein mir bereits bekanntes und versteckt liegendes Nest trat, um den Entwicklungsstand der Brut zu kontrollieren. »Nest ausgeraubt — zerstört« registrierte das Gehirn im ersten Moment, bis man in der nächsten Sekunde gewahr wird, daß der Altvogel neben oder über dem Nest mit den Jungen erstarrt ist und so auf seine Mimikry vertraut. Einmal (23.05.1995) konnte ich mich einem so überraschten ♀ mit der Kamera bis auf 20 cm nähern und ihm sogar ein Blatt vor seinen Augen entfernen, ohne daß der Vogel sich rührte. Auch ein Fotoblitz ließ ihn nicht zusammenzucken. So entstand die Abb. 58. Nach ca. 3 Minuten Auge in Auge mit mir ließ er sich —

Abb. 58: Rotkehlchen-♀ in Schreckstellung am Nest. Foto: PÄTZOLD.

Abb. 59: Rotkehlchen-♀ hudernd. Foto: PÄTZOLD.

immer noch unter meinen Blicken — endlich zum Hudern auf die 4 Tagen alten pulli nieder (s. Abb. 59).

Dieses Verhalten wird aber nicht nur unmittelbar am Nest gezeigt. Auch in 2 bis ca. 10 m Entfernung kann es ausgelöst werden, wenn Menschen oder andere potentielle Feinde in der Nähe erscheinen oder die Vögel sich beobachtet fühlen. In einem solchen Fall kann die Schreckstarre auch bionegativ wirken, wenn nämlich dem nestsuchenden Beobachter diese Eigenschaft bekannt ist; er kann dann mit Sicherheit auf die Existenz einer naheliegenden Brutstätte schließen, und das Suchen wird ihm leichter. Ich habe selbst erlebt, daß ein Altvogel in ca. 5 m Entfernung vom Nest in 3 m Höhe in einer Fichte über 50 Minuten lang in völliger Erstarrung verharrte. Er sah in mir einen möglichen Feind, auch noch, als ich aus etwa 30 m Entfernung beobachtete. Ich konnte direkt unter ihm hinweggehen, die Kamera nach Belieben von allen Seiten auf ihn richten: er rührte sich nicht. Es muß noch gesagt werden, daß während der Erstarrung des einen Gatten der andere zweimal die 6 Tage alten Jungen fütterte. Wie anders verhalten sich Lerchen und Pieper in solchen Situationen!

Ein ausgeprägtes Verleiten ist in diesem Stadium nicht zu beobachten. Nur einmal erlebte ich, als ich mich einem Nest mit dem hudernden ♀ näherte, daß das ♂ plötzlich vor meine Füße fiel und dort einige Sekunden hocken blieb.

Das aggressive Verhalten wird in der Fütterungsperiode reduziert, würde es sich doch nachteilig auf die Versorgung der Jungen auswirken (siehe aber auch Kap. 11.1.7). Dennoch war ich verwundert, daß eine von mir gemalte und unmittelbar vor das Nest mit Jungen gestellte Rotkehlchenattrappe so wenig Beachtung fand. Nur bisweilen stellten sich die Vögel für 1 – 2 s zur »Schau« und gingen dann dem Fütterungsgeschäft weiter nach. Nur einmal sang das ♂ aus etwa 2 m Entfernung vor der Attrappe. Als ich mit dem Pappmodell den Zugang zu den Jungen versperrte, schoben es die Altvögel weg, ohne eine besondere Aggressivität zu zeigen. Soviel Ignoranz hatte ich nicht erwartet, da ich wußte, daß Rotkehlchen ihr Bild im Spiegel und sogar einen ausgerissenen Federbüschel heftig bekämpfen können (s. Kap. 11.1.8). Das bereits erwähnte UV-Sehen der Rotkehlchen (s. Kap. 9.1) erhellt höchstwahrscheinlich auch dieses Phänomen. Das Rot der Rotkehlchenbrust wird vom Vogelauge ganz anders wahrgenommen, als wir es empfinden. Bei meinem gemalten Vogel hatte ich ganz sicher nicht das spezifische Orangerot der Art getroffen, das ihn in Kampfstimmung versetzt (siehe aber auch Kap. 11.1.7). Daraus erklären sich auch die Untersuchungsergebnisse von PEIPONEN (1963), nach denen Rotkehlchen z. B. auf Karminrot kaum anders reagieren als auf andere Farben. Dazu paßt die Feststellung Prof. BURKHARDTs (in DRÖSCHER 1991), daß das Rot des Dompfaffen-♂ im UV-Sehen der Vögel eine völlig andere Farbe aufweist, als das für uns zumindest als ähnlich empfundene Rot des Rotkehlchens.

Mehrere Male wurde ich von einem der Altvögel tätlich angegriffen, wenn ich Jungvögel zur Kontrolle dem Nest entnahm. Ich erhielt Schnabelhiebe auf die Handrückenfläche, einmal sogar, nachdem ich mich mit einem Nestling bereits etwa 10 m vom Nest entfernt hatte. Nach dem 6. Lebenstag der Jungen erfolgten keine Angriffe mehr.

Ab 13. Lebenstag singt das ♂ oft aus 4 – 6 m Entfernung vor den Jungen. Vermutlich erfolgt in diesem Alter die Prägung auf den Gesang.

Nach Verlassen des Nestes werden die Jungen bis zum 18. oder auch 21. Lebenstag vorwiegend weiter vom ♂ versorgt, während das ♀ bereits das zweite Nest baut.

Abb. 60: Die flüggen Jungen werden vorwiegend vom ♂ gefüttert. Foto: PÄTZOLD.

Doch fütterte nach RUSCHKE (1963) ein ♀ seine 19 Tage alten Jungen noch 15mal je Stunde ohne Hilfe eines ♂. Manche ♀ unterstützen auch noch während des 2. Nestbaues und teilweise sogar während der Inkubation das ♂ beim Füttern. Die letzte Brut im Jahre wird nach dem Ausfliegen von beiden Eltern versorgt.

Von interessanten zwischenfamiliären Phänomenen bei der Jungenversorgung berichtet HARPER (1985). Seine Beobachtungen zeugen von einem guten Unterscheidungsvermögen der Altvögel hinsichtlich ihrer eigenen und fremder Jungvögel. Da wurde von einem Rotkehlchen-♂ ein eben ausgeflogenes Junges eines anderen Nestes adoptiert und gemeinsam mit seiner eigenen Brut, die am gleichen Tag das Nest verlassen hatte, weiter versorgt. Die echten Eltern des Adoptivkindes kümmerten sich nicht mehr um dieses, und auch das ♀ des Adoptivvaters fütterte das fremde Junge nicht. Sehr aggressiv verhalten sich Rotkehlchen-♀ untereinander, deren ♂ in Doppelehe leben, sie nehmen auch gegen die Jungen des anderen ♀ eine feindliche Haltung ein. Ja, es ist beobachtet worden, daß sie die Jungen des anderen ♀ (die praktisch mit ihren eigenen Jungen verwandt sind) am Boden festhielten und mit dem Schnabel bearbeiteten. Keinesfalls füttern diese ♀ fremde Jungvögel. Ist ein ♀ verwitwet, so wird es bisweilen unverzüglich von einem neuen ♂ gefüttert. Dieses versorgt aber die Jungen der Witwe nicht, sondern greift sie unter Umständen sogar an, wenn sie vom ♀ gefüttert werden (LACK 1965). Anderseits liegen auch Beobachtungen vor, nach denen fremde Altvögel sich an der Fütterung kleiner Nestlinge beteiligten. Kuckucksjunge werden in der Regel von beiden Altvögeln versorgt.

Eine Fülle von Beobachtungen diverser Autoren liegt auch für die Beziehungen zwischen Rotkehlchenjungen und Singvögeln anderer Arten vor. So betteln junge

Rotkehlchen nicht selten Singdrosseln, Amseln, Grasmücken, Heckenbraunellen und sogar Zaunkönige an. Umgekehrt berichten verschiedene Beobachter, daß adulte Rotkehlchen auch Jungvögel z. B. von Blau- und Kohlmeisen, Fitis, Waldlaubsänger, Amseln, Singdrosseln und Grauschnäppern fütterten. Das Töten von fremden Jungvögeln gehört zu den Ausnahmen.

Der zeitliche Ablauf des Brutzyklus läßt sich in guter Übereinstimmung mit LACK (1965) auch bei mitteleuropäischen Rotkehlchen zusammenstellen: Nestbau 5 Tage, Eiablage 6 Tage, Bebrütung 14 Tage, Nestlingszeit 13 Tage, Zeitdauer vom Nestverlassen bis zum Selbständigwerden 20 Tage — insgesamt also 58 Tage. Nicht selten liegen zwischen Nestbauende und Ablage des 1. Eies nochmals 3 bis 5 Tage.

11.7.6 Bruterfolg

Die Verluste bei der Aufzucht der Nestlinge sind relativ hoch. Die Gründe für einen Mißerfolg sind nicht immer klar erkennbar. Einige Ursachen können angeführt werden. So sind Rotkehlchen mit größerem Territorium in der Regel erfolgreicher als ihre Artgenossen mit kleineren Revieren. Auch wurde festgestellt, daß Nester am Boden (die ja weit überwiegen) gefährdeter sind als höher stehende, vielleicht weil die Nestlinge bei Dauerregenfällen infolge des naßgesaugten Unterbaues nicht mehr oder nur langsam wieder trocken werden. Beim Vergleich der Nestkarten der Schweizerischen Vogelwarte Sempach (s. GLUTZ & BAUER 1988) ergab sich ein signifikanter Unterschied der Bruterfolge zwischen den verschiedenen Nistplatzarten: 38 Bodennester waren zu 58 % erfolgreich, 21 Nester an erhöhten Standorten zu 73 %! Wenn von 8 Bruten in Konservenbüchsen 6 vernichtet werden, von 12 Nistkastenbruten aber nur 2, vermutet man, daß der Tarnung der Bodennester eine wichtige Rolle bei einer erfolgreichen Brut zukommt.

Auch die Jahreszeit scheint den Bruterfolg zu beeinflussen. In Großbritannien war der Gesamtbruterfolg (von Vollendung des Geleges bis zum Ausfliegen der Jungen) im Mai mit 61 % am höchsten, im März/April lag er bei 53 %, im Juni/Juli bei 46 % und bei Bruten zwischen September und Januar bei 14 %. Über die Urheber und Ursachen der Brutverluste siehe Kapitel 19.

12 Zusammenfassendes über die optischen Ausdrucks- und Bewegungsformen des Rotkehlchens

Die »Sprache« der Tiere sind nicht nur ihre Stimmen; mindestens ebensooft werden ihre psychischen Zustände und Absichten durch Körperhaltungen und Gebärden ausgedrückt, wie wir in den vorangegangenen Kapiteln gesehen haben. Hier sollen diese stummen Ausdrucksformen und Aktivitäten noch einmal im Überblick dargestellt und ergänzt werden, da sie für den ethologisch interessierten Feldornithologen von Nutzen sein können.

Normalstellung in Ruhe (auf Zweigen). Der Vogel ist leicht aufgeplustert; Körperlängsachse etwa 45° zur Waagerechten geneigt, der Schwanz etwas gestelzt, mit der Körperlängsachse einen Winkel von etwa 20° bildend. Untere Federn des Bauchgefieders etwa 15 bis 20 mm über der Sitzunterlage, Schnabelhaltung horizontal bis leicht aufwärts gerichtet, Flügel leicht hängend. Der Rücken bildet einen leichten »Buckel«.

Haltung auf dem Erdboden. Der Körper ist aufgerichtet, der Kopf leicht angehoben, die Flügel etwas hängend, der Schwanz in der Waagerechten.

Knicksen. Es gehört zum normalen Tagesablauf und wird auch ohne erkennbaren Grund beobachtet, in intensiver Form jedoch besonders beim Hassen auf Eulen. Aus der Normalstellung heraus erfolgt ruckweises Ducken und Aufrichten (»Bücklinge«), verbunden mit Auf- und Niederschlagen des Schwanzes, der sich von der Körperlängsachse aus im Schwenkbereich von etwa 50° bewegt.

Mittagsruhe. Federkleid leicht aufgeplustert, einen »Buckel« bildend, Bauchfedern berühren fast die Zehen, Flügel hängend, Schwanz gegen die Körperlängsachse fast zur Senkrechten geneigt, Schnabelhaltung horizontal (s. Abb. 24).

Schlafhaltung. Wie Mittagsruhe, jedoch der Kopf in das Nackengefieder geschlagen.

Trockenputzen. Nach dem Bad fliegt das Rotkehlchen gewöhnlich auf einen Zweig, sträubt und schüttelt das Gefieder und putzt sich. Der Vogel gleicht fast einer Kugel, der Schwanz ist leicht gestelzt, die Flügelspitzen fibrieren (s. Abb. 22).

Frierend. Bei Frost nimmt das Rotkehlchen eine Kauerstellung ein und bauscht das Gefieder zur Kugel. Das Bauchgefieder berührt den Zweig, und der Rücken macht einen scharfen »Buckel«; Schwanzhaltung in der Körperlängsachse, Schnabel horizontal.

Verhaltenes Singen im Herbst. Aufrechte, etwas vornüber gebeugte Körperhaltung; Flügel hängend, Schwanz steil bis senkrecht abwärtsgeneigt; Schnabel meist geschlossen und horizontal, Kehle sichtlich aufgebläht (s. Abb. 31).

Reviergesang ohne Rivalen. Dabei gleicht die Haltung etwa der der Normalstellung in Ruhe, jedoch ist der Kopf etwas erhoben und der Schnabel leicht aufwärts gerichtet.

Abwehr- oder Drohgesang. Der geöffnete Schnabel ist steil nach oben gerichtet, die Flügel hängen leicht, der Schwanz ist leicht gestelzt oder bewegt sich von der Waagerechten bis zu 45° nach oben. Die aufgeplusterte Brust ist dem Rivalen zugewandt.

Zurschaustellen gegenüber dem Rivalen. Haltung wie Drohgesang, aber stumm. Die geplusterte Brust dem Gegner zugewandt; Schnabel je nach Höhenlage des Rivalen nach oben oder unten gerichtet (s. Abb. 33).

Haltung vor dem Angriff. Der Vogel knickt in Kauerstellung, wobei ein Lauf fast horizontal auf der Sitzunterlage aufliegt. Der Schwanz ist zu etwa 45° nach oben gestelzt, das Brustgefieder geplustert, der Schnabel waagerecht (s. Abb. 64).

Konfliktsituation zwischen Angriff und Fluchtbereitschaft. Ähnliche Duckstellung wie vor dem Angriff, jedoch wird der Schwanz in die Waagerechte gewinkelt.

Offene Gefechte der ♂. Selten zu beobachten, finden auf Zweigen oder in der Luft statt. Die Rivalen fliegen sich frontal, bisweilen mit fast senkrechter Körperlängsachse und gespreizten Schwänzen an, Läufe und Schnäbel als Waffen benutzend (s. Abb. 34).

Kopulationsaufforderung des ♀. Das ♀ knickt je nach Erregungszustand in verschiedenen Phasen von der Ruhehaltung tiefer und tiefer bei sich hebender Kloake. Bei höchster Kopulationsbereitschaft berührt die Brust nahezu die Zehen. Die Körperlängsachse mit dem gleichgerichteten Schwanz bildet mit der Waagerechten einen Winkel von etwa 50°. Der Schnabel steht horizontal, die Flügel sind angelegt, so daß der Vogel relativ schlank wirkt.

Kopulationsbereitschaft beim ♂. Die Körperlängsachse ist nach vorn geneigt, so daß sie einen flachen Winkel (etwa 20°) mit der Waagerechten einschließt. Der Schwanz knickt leicht nach unten. Kopf-, Kehl- und Brustgefieder sind gesträubt und der Schnabel zeigt bis 40° nach unten, höchstens in die Waagerechte. Im Gegensatz zum Drohen zeigt der Schnabel niemals nach oben (s. Abb. 37)!

Begattung oder Kopulation. Das ♀ hält sich in der beschriebenen Aufforderungsstellung. Das ♂ besteigt flügelschlagend den Rücken des ♀. Seine Körperlängsachse (einschließlich Schwanz) zeigt etwa 45° Neigung. Die Schnabelhaltung beider Vögel ist etwa horizontal. Keine auffällige Plusterung des Gefieders. Man gewinnt den Eindruck, daß das geduckte ♀ dem mehr aufrecht stehenden ♂ die Kloake entgegenführt (s. Abb. 41).

Ansitz (auf Beute). Bei der Jagd von Landtieren von Gehölzen aus, bei Wassertieren von Steinen oder niedrigen Zweigen steht der Vogel in relativ gestreckter Haltung bei glatt angelegtem Gefieder. Die Körperlängsachse ist gegenüber der Normalhaltung etwas zum Boden bzw. zur Wasserfläche geneigt. Beim Erblicken der Beute und beim Start schnellt die Körperlängsachse bis zu etwa 45° nach unten bei gradlinig gestrecktem Schwanz, der mit der Körperachse eine Linie bildet.

Merkwürdige Seitenwendungen des Oberkörpers. Gelegentlich wird ein seitliches Hin- und Herbewegen des Oberkörpers bei aufrechter, gestreckter und verbogener Haltung beobachtet. Meist ist es mit gepreßtem Gesang bei erhobenem Schnabel verbunden (von mir noch nicht gesehen). Der Sinn ist nach

BLUME (1973) unbekannt. Dieser Autor vermutet eine einschüchternde Funktion. Ich deute es als Imponiergehabe des ♂, nachdem mir die Schilderung von OGILVIE-GRANT (in Brehms Tierleben 1925, S. 273) bekannt wurde, zumal auch im Käfig gehaltene Rotkehlchen manchmal ihren Pfleger mit dieser Geste »begrüßen«.

13 Über den Wanderzug

13.1 Zug- oder Standvogel?

Ein Rotkehlchen im Schnee und am Futterhaus ist keine Seltenheit bei uns. Dennoch ist der größte Teil der mitteleuropäischen Populationen in dieser Jahreszeit weggezogen. So kann die Art in unserem Raum weder als Stand- noch als Zugvogel eingestuft werden. Auch »Teilzieher« trifft für die Migrationseigenschaften nicht für alle Populationen zu. Ziehen doch in vielen Gegenden fast nur die ♀ und jungen ♂, in nicht wenigen ♂ und ♀, und in anderen sind beide Geschlechter Standvögel. Die geographische Lage des Brutgebietes mit seinen klimatischen Verhältnissen ist für die unterschiedliche Länge der Zugstrecken ausschlaggebend.

Als echter Zugvogel kann das Rotkehlchen in der nördlichen und östlichen Hälfte seines Verbreitungsgebietes ab etwa einer Linie Göteborg–Kaliningrad–Odessa gelten. Hier verlassen beide Geschlechter im Winter ihr Brutareal vollständig.

Westlich und südlich dieser Linie, also der größte Teil von Mitteleuropa und ein Teil von Großbritannien, nimmt hinsichtlich der Migrationseigenschaften des Rotkehlchens einen intermediären Status ein. Hier ist »Teilzieher« für sein gemischtes Zugverhalten am zutreffendsten, wobei »Zieher« überwiegend weibliche und junge Vögel sind. Im westlichen Teil Mitteleuropas (Rheinland) ändert sich der Winterbestand gegenüber dem im Sommer oft nur wenig oder nicht. Dennoch verläßt hier ein großer Teil der Sommerpopulation seine Brutgebiete, jedoch wird der Bestand durch zuziehende Wintergäste aus dem Nordosten mehr oder weniger ausgeglichen. Analoges trifft auch für die unterschiedlichen Höhenlagen in der Schweiz zu, wo nur 5 bis 10 % der Überwinterer Standvögel sind (GLUTZ & BAUER 1988). Auf den britischen Inseln ziehen durchschnittlich 25 % der männlichen und 72 % der weiblichen Rotkehlchen (BURKITT 1924).

Echter Standvogel ist das Rotkehlchen in Spanien, Italien, auf dem Balkan (hier nur vertikale Bewegungen), in Tunesien, Algerien und Marokko sowie auf den Kanarischen Inseln.

Auch kaukasische und transkaukasische Vögel (*E. r. hyrcanus*) kann man in der Mehrheit als Standvögel bezeichnen, die in ihren Hochlandarealen nur vertikale Bewegungen ausführen.

13.2 Zugauslösende Faktoren

Wenn ein Vogel sein Brut- oder Überwinterungsgebiet verläßt, hat er seine Gründe dafür. Wir wollen die bis jetzt bekannten Ursachen beim Rotkehlchen aufzeigen.

Infolge des gemischten Zugverhaltens resultieren auch die zugauslösenden Faktoren beim Rotkehlchen aus unterschiedlichen Komponenten: endogenen und exogenen. Da unser Vogel zu den weniger ausgeprägten Zugvögeln gehört, ist anzunehmen, daß die exogenen (äußeren) Einflüsse überwiegen, also Nahrungsangebot, Temperatur, Luftdruck u. a. m. Dennoch wird kein Vogel allein durch diese Einwirkungen sein Brutgebiet verlassen, wenn nicht eine innere (endogen bedingte) Bereitschaft dazu bestünde, die Voraussetzung für das Eintreten der sogenannten Zugunruhe ist. Diese aber scheint genetisch fixiert und wird durch physiologische Vorgänge gesteuert, meßbar und bisweilen auch sichtbar durch die periodische Zunahme des Körpergewichtes bzw. die Anlage eines Fettdepots als Energievorrat und »Treibstoff«, entstanden durch das Zusammenwirken diverser Drüsen.

Untersuchungen ergaben, daß die Sekrete der Schilddrüse im Herbst und Frühjahr am intensivsten ausgeschüttet werden und bei der Entstehung der Zugunruhe eine wesentliche Rolle spielen. So löst Thyroxin, in kleinen Mengen verabreicht, Zugunruhe aus; größere Gaben dagegen hemmen sie. Auch Thyreotropin kann in den Wintermonaten Nachtaktivitäten auslösen, ebenso das im Hypophysenvorderlappen produzierte Prolaktin. Wurde letzteres lediglich mit der Nahrung verabreicht, dann führte es nur zur Gewichtszunahme. Eine Abnahme der Zugunruhe wurde bei Gaben des Thyreostatikums Methylthiouracil festgestellt.

Auch Geschlechtshormone sind offenbar an der Einstimmung oder dem Ausbleiben der Zugunruhe beteiligt. Androsteron hemmt den Zugtrieb. Je stärker der Anteil des männlichen Androsterons reduziert ist, desto mehr neigen Rotkehlchen zum Wegzug. So wurde festgestellt, daß ziehende ♂ (aus Gebieten, in denen ein Teil der Rotkehlchen überwintert) vorwiegend Jungvögel sind, also Individuen, bei denen der Spiegel an männlichen Hormonen noch relativ gering ist. Auch ältere ♀ (mit erhöhtem Anteil an Androsteron) verbleiben oft im Brutgebiet.

Bemerkenswert ist andererseits, daß zwischen dem Zugtrieb der ♂ beim Heimzug und dem Hodenwachstum eindeutige Korrelationen festgestellt wurden (BERTHOLD 1969). Rotkehlchen aus dem Südwesten Deutschlands, die ihre Brutreviere bereits zwischen dem 4. und 15. März bezogen, waren ihren südfinnischen Artgenossen, die erst am 14. bis 20. April an ihren Nistplätzen eintrafen, in der Hodenentwicklung um einen halben Monat voraus. In der Regel wird solange gezogen, wie das Hodenwachstum währt. Die durchschnittliche tägliche Zuwachsrate der Hoden bei südfinnischen Rotkehlchen war größer und das Hodenwachstum weiterentwickelt je später die Vögel im Brutgebiet eintrafen. Vermutlich handelt es sich um eine Anpassung an die relativ früher liegende Brutzeit der später eintreffenden Individuen.

Wieso, könnte man fragen, arbeiten die genannten Drüsen im Spätherbst und Frühjahr in verstärktem Maße? Man fand, daß eine Steuerung der Hormonausschüttung durch die jahresperiodisch empfangene Lichtmenge über die Netzhaut des Auges erfolgt — vorausgesetzt, sie trifft auf eine im Vogel genetisch vorbereitete Photosensibilität.

Die genannten endogenen Eigenschaften sind Vorbedingungen für das Einsetzen der Zugunruhe bzw. Zugdisposition. Zur Auslösung des Startes bedarf es aber bestimmter äußerer Kräfte. Am stärksten unter diesen wirken beim Wegzug Temperaturstürze, beim Heimzug Wärmeanstiege. Starker Wind und Nebel verzögern den Abzug, klares Wetter, hoher Luftdruck und Windstille begünstigen ihn. So zählt man das Rotkehlchen zu den sogenannten »Wettervögeln« (Begriff von WEI-

GOLD 1930 eingeführt), im Gegensatz zu den »Instinktvögeln«, die relativ unabhängig von den Witterungsverhältnissen ihren Zug antreten (am deutlichsten der Mauersegler).

13.3 Kalendarische Zugdaten, Zugrichtungen

Wann ziehen Rotkehlchen, welche Richtung schlagen sie dabei ein und wo verbringen sie den Winter? Fragen, die bei unserem Vogel nicht immer eindeutig und auch nicht mit einem Satz beantwortet werden können.

Wie eben erwähnt, teilt man die Zieher in Instinktvögel und Wettervögel ein. Das ist nicht ganz exakt, da auch letztere nicht ohne Instinkt bzw. genetisch fixierte Migrationsanlagen ziehen. Unser Vogel verläßt also, wenn dazu prädestiniert, sein Brutgebiet im Herbst, und er hat es nicht eilig dabei. Verzögert sich doch bei günstiger Wetterlage der Start bei manchen Individuen bis in den Spätherbst, wie es sich als »Wettervogel« gehört. Nun überrascht aber D. SAEMANN (1980, briefl.), unter dessen Leitung über 2 000 Rotkehlchen im Raum Chemnitz (Sachsen) beringt wurden, mit der bemerkenswerten Feststellung, daß einjährige Vögel bereits ab Anfang August ihren Zug beginnen, also kaum später als der ausgesprochene Instinktvogel Mauersegler! Fest steht: Jungvögel ziehen früher als adulte. Altvögel beginnen in Nord- und Mitteleuropa ab Ende August zu ziehen und erreichen in der ersten Oktoberdekade den Gipfel; im zweiten Drittel dieses Monats klingt der Zug allmählich ab, um Anfang November in der Hauptmasse beendet zu sein. Im östlichen Verbreitungsgebiet setzt der Zug gewöhnlich einige Tage (bis zu einer Dekade) früher ein.

Das Mittel von 716 Fänglingen in der Reit bei Hamburg fiel auf den 4. Oktober. Von Ende August bis Anfang November wurden auf dem Col de Bretolet/Wallis 10 460 Rotkehlchen gefangen, das Mittel lag auf dem 3. Oktober.

Das Eintreffen der Rotkehlchen im Mittelmeerraum wurde zeitigstens Mitte September registriert, gewöhnlich aber erst Ende des Monats und Anfang Oktober.

Man erkennt, daß der Wegzug (Herbstzug) der verschiedenen Rotkehlchenpopulationen aus ihren Brutgebieten in nahezu gleichen Kalenderzeiten erfolgt. Zeitlich unterschiedlich dagegen ist der Start zum Heimzug. Er beginnt z. B. auf Lemnos/Ägäis bereits im Februar (einmal am 2. Februar) und dominiert im März. Dagegen wurden in den nordafrikanischen Winterquartieren noch Ende März, auf den Inseln des Mittelmeeres Mitte April und im mediterranen Südostfrankreich sogar Anfang Mai noch Nachzügler festgestellt.

Ganz unterschiedlich und extrem liegen die Heimzugdaten auf Fair Isle: Hier können die ersten Starts bereits Ende Februar und die letzten erst Anfang Juni erfolgen, wobei die Hauptmasse Ende März bis Mitte Mai die Insel verläßt.

Großen zeitlichen Schwankungen unterliegt das Eintreffen der Vögel in ihren Brutarealen, wobei die Verzögerungen besonders in den nördlichen und in den höher liegenden Regionen eintreten. So liegt z. B. die Hauptankunft in den Niederungen der Schweiz zwischen 10. März und Anfang April (GLUTZ & BAUER 1988), wogegen die Gebirgspopulationen erst Anfang Mai eintreffen. In Mecklenburg lag die mittlere Erstankunft von 111 Exemplaren, die von 1956 bis 1983 registriert wurden, am 15. März, das Zugmaximum in der ersten und zweiten Aprildekade (G. BURMEISTER & P. KRÄGENOW in KLAFS & STÜBS 1977 und G. BURMEISTER 1979). Dagegen trafen die ersten südfinnischen Rotkehlchen zwischen dem 7. bis 24. April ein, die Hauptmasse folgte dann Ende April bis Anfang Mai. In Südschweden bei Ottenby/Öland lag das Mittel des Frühjahrsdurchzuges am 27. April (42 710 Fänglinge), wobei mehrjährige Vögel etwas früher und konzentrierter ziehen sollen als vorjährige, die zwischen 11. und 29. April eintrafen. Sehr spät erscheinen die Rotkehlchenpopulationen im nördlichsten Schweden, bisweilen erst Mitte Mai.

In Ostdeutschland erfolgt die Rückkehr in der zweiten Hälfte des März, oft gleichzeitig mit der Singdrossel (*Turdus philomelos*). HEYDER (1952) registrierte für das Erzgebirge im neunzehnjährigen Durchschnitt den 27. März bei Schwankungen zwischen dem 11.3. und 6.4. Im Dresdener Raum liegen meines Wissens keine langjährigen Beobachtungen vor; hier stößt das Erkennen der ankommenden Rotkehlchen infolge des hohen Anteils überwinternder ♂ auf erhebliche Schwierigkeiten, wenn nicht planmäßig beringt wird.

Auf die Frage nach der Route, die Rotkehlchen beim Heimzug einschlagen, geben Beringungen und Wiederfunde klare Antworten. Sie decken sich gut mit den Ergebnissen von Käfigversuchen. Zugunruhige Rotkehlchen in Rundkäfigen mit radial angebrachten Sitzstäben flattern nicht ziellos umher, sondern bevorzugen beim Hin- und Herhüpfen die Sitzstangen, die ihrer Zugrichtung entsprechen. Wenn diese mit Zählern versehen wurden, die die Sprünge registrierten, ließ sich leicht die Vorzugsrichtung bzw. die Zugroute nachweisen. Diese ist bei unserem Rotkehlchen eindeutig nach SW bis SSW gerichtet und entspricht nahezu der unserer Singdrossel (*Turdus philomelos*). Die Streuung ist allerdings beträchtlich, ihr Winkel beträgt bis zu 65°. STRESEMANN (1927 – 34) folgert daraus: »Wenn der Richtungssinn der Zugvögel, die ein entfernteres und engbegrenztes Winterquartier haben, nicht exakter arbeitet als beim Rotkehlchen, dann wäre ihr rasches Aussterben unvermeidlich.«

Besonders bemerkenswert sind hier Abweichungen in westlicher Richtung, sogar mit nördlichem Trend, was z. B. für Vögel, die auf Öland/Südschwe-

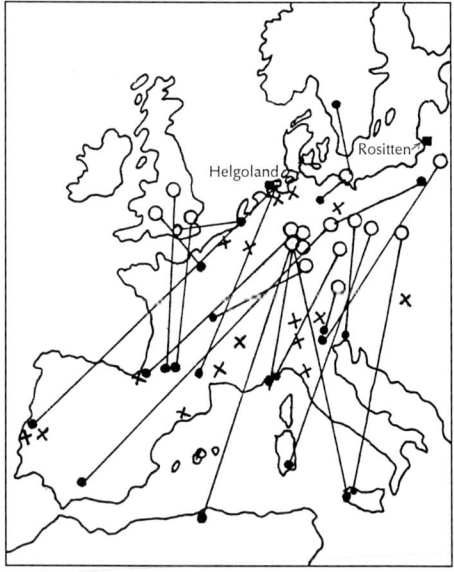

Abb. 61: Wiederfunde beringter Rotkehlchen. O Beringungsorte in der Brutzeit, ● Wiederfunde im Winter oder auf dem Durchzug, × Wiederfunde von Vögeln, die auf Helgoland oder Rossitten (Rybatschi) beringt wurden. Nach DROST & SCHÜZ (1935).

den und nördlich davon beringt wurden, zutraf. Andererseits ist bei finnischen Vögeln ein direkter Zug auch in südlicher Route nachgewiesen.

13.4 Überwinterungsgebiete

Im Gegensatz zu einigen Oscines, die während des Zuges Richtungsänderungen vornehmen (z. B. Zaungrasmücke, *Sylvia curruca*), hält das Rotkehlchen, wenn nicht durch außergewöhnliche Wetterlagen (starker Wind) abgetrieben, an der einmal eingeschlagenen Route fest, so daß in der Regel auch die Winterquartiere auf diesem Kurs liegen.

Europäische Rotkehlchen in Brutgebieten bis etwa 40° östlicher Länge überwintern überwiegend westlich einer Linie Kaliningrad–Odessa: Mittel- und Westeuropa (nach Norden fast bis zu 60° n.br.), Südeuropa, Mittelmeerraum (Balearen bis Zypern), Nordafrika (Marokko bis Ägypten). Wintergebiete in Afrika beobachtete man nahezu an der gesamten Mittelmeerküste. Im Nildelta wurden im Küstenbereich von West-Sinai über 50 Exemplare pro km^2 festgestellt (KEITH et al. 1992). In Libyen ist das Rotkehlchen von Oktober bis April nördlich des 32° n.Br. in der Kyrenaika und Tripolitanien gemein. Westlich der tunesischen Ostküste ist unser Vogel auch weit im Binnenland bis zur Küste des Atlantischen Ozeans verbreitet. ROOKE (1947) gibt für Algerien in der Hangmacchia 62 Exemplare pro km^2 und 250 pro km^2 im gemischten Waldland an. In gemischter marokkanischer Landschaft in der Nähe von Casablanca wurden 130 Vögel pro km^2 beobachtete (CRAMP 1988). Die Winterquartiere reichen an der Küste Marokkos bis zum 28° n.Br. Das südlichste Vorkommen des Rotkehlchens überhaupt bezeugen fünf Aufzeichnungen (Nov., Dez., März) aus dem Küstengebiet von Mauretanien zwischen 18° und 20° n.Br. (KEITH et al. 1992). Östlich des 40° ö. L. in Rußland brütende Vögel beziehen ihre Winterquartiere im südwestlichen Asien: Türkei, Syrien, Irak, Iran, Afghanistan, Pakistan bis Nordwestindien.

Wiederfunde beringter Rotkehlchen informieren über spezifische Winteraufenthalte. Nordskandinavische Vögel sind im Winter oft schon in Mitteleuropa anzutreffen, können aber auch die Mittelmeerküste bis Nordafrika erreichen. Die Hauptmasse der Rotkehlchenpopulationen aus Südwestfinnland, Süd- und Mittelschweden und Südnorwegen überwintert westlich einer Linie von Amsterdam nach Venedig, meist südlich der 5 °C-Januarisotherme. Diese Vögel wurden an der Ostküste Großbritanniens, in Frankreich, Spanien, Portugal, Nordafrika und auf Sizilien wiedergefunden. Nur eine Minderheit der skandinavischen Vögel zieht nach SSE zum Mittelmeer.

Populationen aus Ost- und Südfinnland und dem westlichen Rußland fand man in Westeuropa, Italien, Griechenland und im ganzen Mittelmeerraum, wobei einzelne Vögel von den Åland-Inseln aus einen direkten südlichen Kurs zur Ägäis eingeschlagen hatten.

Polnische Vögel wurden in Südfrankreich, Südspanien und vereinzelt in Marokko festgestellt.

Brutvögel aus dem nördlichen Deutschland und den Niederlanden fand man in belgischen Winterquartieren, solche aus Mitteldeutschland in Frankreich, Spanien und Portugal, wobei einzelne Exemplare bis in die Maghreb-Staaten und an den Rand der Sahara vordrangen. Vögel aus Süddeutschland und der Schweiz wurden in Südostfrankreich, Spanien, an der Nordküste von Algerien, auf Korsika, Sizilien und Norditalien im Winterquartier angetroffen.

Tschechische, österreichische und ungarische Rotkehlchen überwintern an der Atlantikküste von Frankreich bis Portugal, aber auch in Südostspanien, Süditalien und Jugoslawien. Brutvögel aus Frankreich wurden im Winter in Spanien und auf den Balearen nachgewiesen.

Bemerkenswert ist der Zug mancher südskandinavischen Rotkehlchen auf westlicher Route nach Fair Isle. Als Sensation muß aber das Erscheinen von etwa 4000 Rotkehlchen skandinavischer Herkunft auf der May-Insel (schottische Ostküste) am 11. Oktober 1982 betrachtet werden. Nur außergewöhnliche Wetterlagen (Wind, Einfluß des Golfstromes) können solche Abdriftungen bewirken, was auch für das Phänomen der Überwinterung auf Island zutrifft. Hier wurden innerhalb von 31 Jahren zur Weihnachtszeit 4mal Rotkehlchen beobachtet.

Das südlichste Winterquartier europäischer Rotkehlchen wurde in der Libyschen Wüste im Fezzan registriert (etwa 500 km südlich der Mittelmeerküste). Außergewöhnlich ist auch das Wintervorkommen auf den Selvagen (30,18° n.Br., 16,00° w.L.).

Winterortstreue über mehrere Jahre ist bei Rotkehlchen nicht außergewöhnlich, wie das bei belgischen Überwinterungen wiederholt bewiesen wurde. Auch an der ligurischen Küste (Nordwestitalien) konnten 12 % der beringten Vögel im kommenden Winter wiedergefangen werden. Auf der May-Insel im Firth of Forth (schottische Ostküste) zeigte sich ein Individuum in 5 aufeinanderfolgenden Wintern (dort kein Brutnachweis).

13.5 Verhalten auf dem Zug und im Winterquartier

An einem Herbstabend 1938 beobachtete ich im Zschoner Grund bei Dresden einen Trupp Rotkehlchen von etwa 8 bis 10 Individuen, die mit »tschrie«-Rufen und merkwürdigen Gesangsbruchstücken in den unteren Baumregionen eines Feldgehölzes herumflatterten. Sie schnickerten, machten Knickse, wippten mit dem Schwanz und zuckten voller Unruhe mit den Flügeln. Ich vermutete damals, daß die Vögel, ähnlich wie Amseln, sich einen Schlafplatz auserkoren hatten und nun lautstark potentiell vorhandene Feinde, besonders Eulen, daraus vertreiben wollten. Kurz nach dem endgültigen Verschwinden der Sonne turnten sie höher und höher bis in die Wipfel, und nach wenigen Minuten stob ein Vogel nach dem anderen in etwa westlicher Richtung als kleiner Schattenball ab, dabei ständig hohe dünne Laute ausstoßend, vermutlich um die Artgenossen nachzuziehen. Sie flogen etwa 3 – 6 m über den höchsten Baumkronen. Daß es sich hier um Rotkehlchenzug handelte, ging mir erst später ein. Ich habe es so nie wieder erlebt.

Von einem bemerkenswerten Phänomen des Rotkehlchenzuges berichtet REININGER (1930): »Am 30. September 1930 begann hier das allgemeine Volksfest für Quedlinburg und Umgebung. Am Montag, dem 1. Oktober — abends —, als der Festplatz hell beleuchtet war, entdeckten plötzlich die Volksfestbesucher, daß an allen Buden in Massen Vögel herumschwirrten, so daß das Publikum und die Budenbesitzer alle sich Vögel einfingen. Die meisten waren der Ansicht, daß einem Budenbesitzer, welcher viele exotische Vögel zum Auslosen in einer Bude hatte, dieselben entflogen sind. In meinem Geschäft kamen am nächsten Tag eine ganze Anzahl Leute, kauften sich Futter und Vogelkäfige. Dabei mußte ich feststellen, daß die eingefangenen Vögel keine Exoten waren, sondern es waren lauter Rotkehlchen, einige Grasmückenarten und Graudrosseln, welche durch den starken Lichtschein geblendet in der Nacht auf dem Festplatz eingefallen sind. Nach dieser Aufklärung hat der größte Teil des Publikums die Vögel wieder fliegen lassen. Hierzu möchte ich noch bemerken, daß es ein sehr großer Vogelschwarm gewesen sein muß, denn die Vögel schwirrten in allen Buden und auf den Wegen in Massen herum, so daß einzelne Budenbesitzer gleich mehrere bis zu 6 Stück einfangen konnten.«

Bei einem Vogel mit so ausgeprägtem Revierbewußtsein und Einzelgängertum vermutet man auch einen Einzelwanderer (wie Würger, Kuckuck, Wiedehopf u. a.). Dem ist aber nicht so, er ist eine Drossel, zieht nachts in Breitfront und gesellig mit Stimmfühlungslauten. Die Truppstärken liegen im allgemeinen bei 8 bis 20 Exemplaren. Beim Durchzug auf Fair Isle wurden nicht selten Schwärme von 50 bis 100 Individuen festgestellt. Seltener werden einzelne Vögel auf dem Zug angetroffen, sicher nach verlorengegangenem Anschluß. Dennoch — und das ist bemerkenswert — zeigt das Rotkehlchen sogar innerhalb der Rastzeiten deutliches Territorialverhalten, indem es durch Gesangsstrophen Artgenossen, unabhängig von ihrem Geschlecht, zu vertreiben sucht. Auch im Winterquartier wird der angeborene aggressive Trieb wirksam — das Rotkehlchen singt dort unmittelbar nach der Ankunft und verteidigt ein Revier wie in der Heimat.

Die höchste Zugaktivität wurde 3 bis 5 Stunden nach Sonnenuntergang registriert. Nach Abbruch des nächtlichen Zuges wird auf der Suche nach günstigen Rastplätzen die Wanderung in den frühen Morgenstunden mit geringerer Aktivität noch etwas fortgesetzt, allerdings jetzt in Bodennähe. Bei Regen, Windstärken > 8 m/s, bedecktem Himmel (? Verf.) und Sichtweiten unter 5 km soll nach BOLSHAKOV & REVY (1977 in GLUTZ & BAUER 1988) der nächtliche Zug unterbleiben.

Die Zughöhe bleibt in der Regel unter 100 m und kann in den meisten Fällen von Radargeräten nicht erfaßt werden, so daß es schwierig ist, Schwarmstärken und Zughöhen exakter anzugeben.

Auf dem Zug befindliche Rotkehlchen halten sich tagsüber auch in nicht typischen Habitaten auf. Sie werden dann auch in einzelnen Sträuchern auf Äckern, Wiesen und in Gärten angetroffen.

Die mittleren Zugleistungen je Nacht gibt VERHEYEN (1956) mit 40 – 60 km an. Maximale Leistungen wurden mit 146 km je Nacht ermittelt. Das höchste bekannte Leistungsvermögen zeigte ein Rotkehlchen, das auf dem Heimzug in 3 Nächten 750 km meisterte! Bedenkt man, daß Rotkehlchen zwischen Norwegen und Großbritannien die Nordsee überqueren und das eigentlich nur im Nonstop-Flug bezwingen können, dann müßten sie sogar in einer Nacht 350 bis 450 km zurücklegen! Doch sollen sich von den nach England ziehenden Rotkehlchen nach FELIX

(1977) manche auf Schiffen niederlassen und kurz ausruhen, was auch P. SACHER (mündl. Mitt.) im Falle eines diesjährigen Rotkehlchens Ende August 1991 auf der Fähre zwischen Dänemark (Frederikshavn) und Schweden (Göteborg) beobachten konnte.

Die größte bisher ermittelte Zugentfernung zeigte ein auf der Kurischen Nehrung beringtes Rotkehlchen: es legte 2 800 km zurück (PAJEWSKIJ 1971 in GLUTZ & BAUER 1988).

Auch in vertikaler Richtung beim Überqueren der Alpenpässe vermögen Rotkehlchen Beachtliches zu leisten. BEZZEL (in WÜST 1970) beobachtete auf der Zugspitze in 2 963 m 43 Exemplare.

Derartige Höchstleistungen führen nicht selten zu Überlastungen. So stellten SCHUHMANN & BERGER (1974) beim Rotkehlchen unmittelbar nach dem Zug morphologische Veränderungen in der Herz- und Skelettmuskulatur fest. Die Gewichtsabnahmen sind beträchtlich (s. Kap. 5.4).

13.6 Beringungen und Wiederfundraten

Die Anzahl der Wiederfunde beringter Rotkehlchen unterliegt, abhängig von Beringungsort und Alter der Vögel, beträchtlichen Schwankungen, wie es einige Beispiele dokumentieren sollen. So konnten von den 53 460 Rotkehlchen, die auf Öland von 1946 bis 1979 im Herbst beringt wurden, bis Anfang 1980 265 rückgemeldet werden, also 0,61 %. Von den bei Falsterbo/Schweden beringten 48 926 Rotkehlchen wurden 261 bis Ende 1980 wiedergefunden (0,53 %). Deutlich höher lagen die Rückmeldungen bei Nestlingen, hier konnten von 5 115 Exemplaren, die zwischen 1931 und 1938 in Großbritannien beringt wurden, 0,98 % wiedergefunden werden. Den höchsten Prozentsatz rückgemeldeter Rotkehlchen nennt LACK (1965) mit 3,46 % von 5 528 Fänglingen ebenfalls im Zeitraum von 1931 bis 1938.

Bemerkenswerte Informationen über Zugdaten des Rotkehlchens liefert in jüngster Zeit das sogenannte MRI-Programm, ein umfangreiches, zunächst zehnjähriges Vogelfangunternehmen unter Leitung von Prof. Dr. BERTHOLD, Radolfzell, in den mitteleuropäischen Fangstationen Mettnau (Bodensee), Reit (südöstlich Hamburg) und Illmitz (Neusiedler See, Ostösterreich), die dreiecksförmig in Mitteleuropa im Abstand von 600 – 800 km verteilt sind. Da auch nord-, west- und osteuropäische Zugvogelpopulationen diese Gebiete durchwandern, verspricht das Programm realistische Migrationswerte nicht nur für Mitteleuropa.

Hier wurden neben 36 weiteren Kleinvogelarten von 1974 – 1983 (in Mettnau von 1972 – 1983) in zehn bzw. zwölfjähriger Fangperiode in der Wegzugzeit vom 30. Juni bis 6. November in Mettnau 5 362, in Reit 1 723 und in Illmitz 1 547 Rotkehlchen gefangen (nicht in die Netze getrieben), gemessen, gewogen, auf ihren Mauserzustand untersucht und beringt.

Wie in Abbildung 62 dargestellt, sind die Fangmuster in allen Stationen im wesentlichen eingipfelig (bei der Mönchsgrasmücke z. B. zweigipfelig) und weisen mehr oder weniger eine geschlossene Glockenform auf. Von der 37. bis 47. Jahrespentade

(Ende Juni bis Mitte der zweiten Augusthälfte) sind die Fangergebnisse etwa gleichbleibend und liegen im Mittel nur bei 23 % des Gesamtumfanges, ein Zeichen, daß in dieser Periode nur wenig Vögel (vermutlich juv., Verf.) ziehen. Der Wegzugsbeginn des Gros der Populationen setzt in der 48. Pentade (etwa 25. August) ein. Höchste Fangzahlen ergaben sich in der 55. bis 57. Pentade, also Hauptzug Ende September/Anfang Oktober.

Die Gewichte der Vögel stiegen in allen drei Stationen während des Zuges leicht an, so in Mettnau in der 50. bis 61. Pentade um etwa 0,7 g und in Illmitz in der 50. bis 62. Pentade um etwa 1,5 g.

Die Flügellängen, die hier als Federlänge der 8. Handschwinge (von innen nach außen gezählt) gemessen wurden, blieben über die gesamte Fangperiode weitgehend konstant.

Bei der Untersuchung des Mauserzustandes des Großgefieders (es wurde nur die Flügelmauserung berücksichtigt) ergab sich, daß die Altvögel im wesentlichen erst nach dem Abschluß der Flügelmauser in den Untersuchungsgebieten gefangen wurden bzw. den Zug antraten. Nur wenige Individuen waren noch nicht durchgemausert, so in Mettnau 0,4 %, in Reit 0,8 % und in Illmitz 0,3 %.

Das Kleingefieder mauserte in Mettnau bei 66 %, in Reit bei 70 % und in Illmitz bei 69 % der gefangenen Rotkehlchen. Ab 37. bis etwa 44. oder 46. Pentade war ein leichter Anstieg zu verzeichnen, danach Abfall.

Wiederfänge gab es fast in der gesamten Fangperiode, besonders in der ersten Hälfte, in Mettnau bis über 50 %, in Illmitz jedoch fast keine. Durchschnittlich wurden in Mettnau und Reit 18 % der Erstfänge wiedergefangen. Die maximale Verweildauer betrug 1,5 Monate in der ersten Hälfte der Fangperiode, in der zweiten nur wenige Tage. Die geringen Wiederfänge in Illmitz ergaben eine durchschnittliche Rastdauer von 7 Tagen.

Die Diagramme zeigen folgerichtig, daß in den Pentaden mit den niedrigsten Fangergebnissen die Zahl der Wiederfänglinge am höchsten ist, und daß umgekehrt in den Pentaden der höchsten Fangergebnisse (maximaler Durchzug), also Ende September/Anfang Oktober die Wiederfänge relativ niedrig bleiben bzw. die Verweildauer am kürzesten, wie das hier beispielsweise für die Mettnau (Abb. 62) ausgewiesen wurde.

13.7 Wie finden ziehende Rotkehlchen ihren Weg?

Moderne Forschungen und Versuche brachten interessante Ergebnisse, ohne diese Frage restlos zu lösen.

Wir wissen heute, daß die Zugorientierung vieler Vögel über den Sonnenstand erfolgt. Sicher haben die meisten Zugvögel, zumindest alle Tagzieher, die Fähigkeit, die Veränderungen des Sonnenstandes im Lauf des Tages mit Hilfe einer »inneren Uhr« zu berechnen und zur Richtungsfindung zu verwenden, also eine Art »Sonnenkompaß« in sich zu tragen.

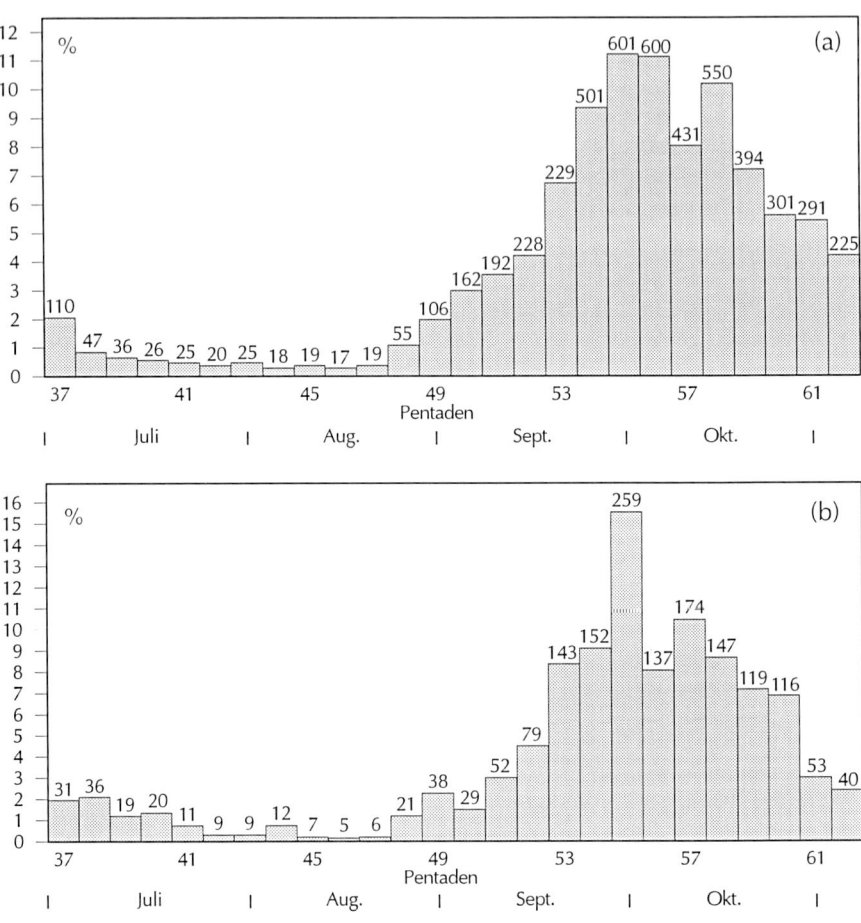

Abb. 62: Diagramme des Rotkehlchenzuges nach dem MRI–Programm 1974 – 1983. a Erstfänge in Mettnau (n = 5 362), b Erstfänge in Reit (n = 1 723), c Erstfänge in Illmitz (n = 1 547), d Summe der Erstfänge in Mettnau, Reit und Illmitz (n = 8 632), vom Verfasser addiert, e Erstfänge in Mettnau, die später als Wiederfänglinge auftreten. Nach BERTHOLD et al. (1991), umgezeichnet vom Verfasser.

Über den Wanderzug 129

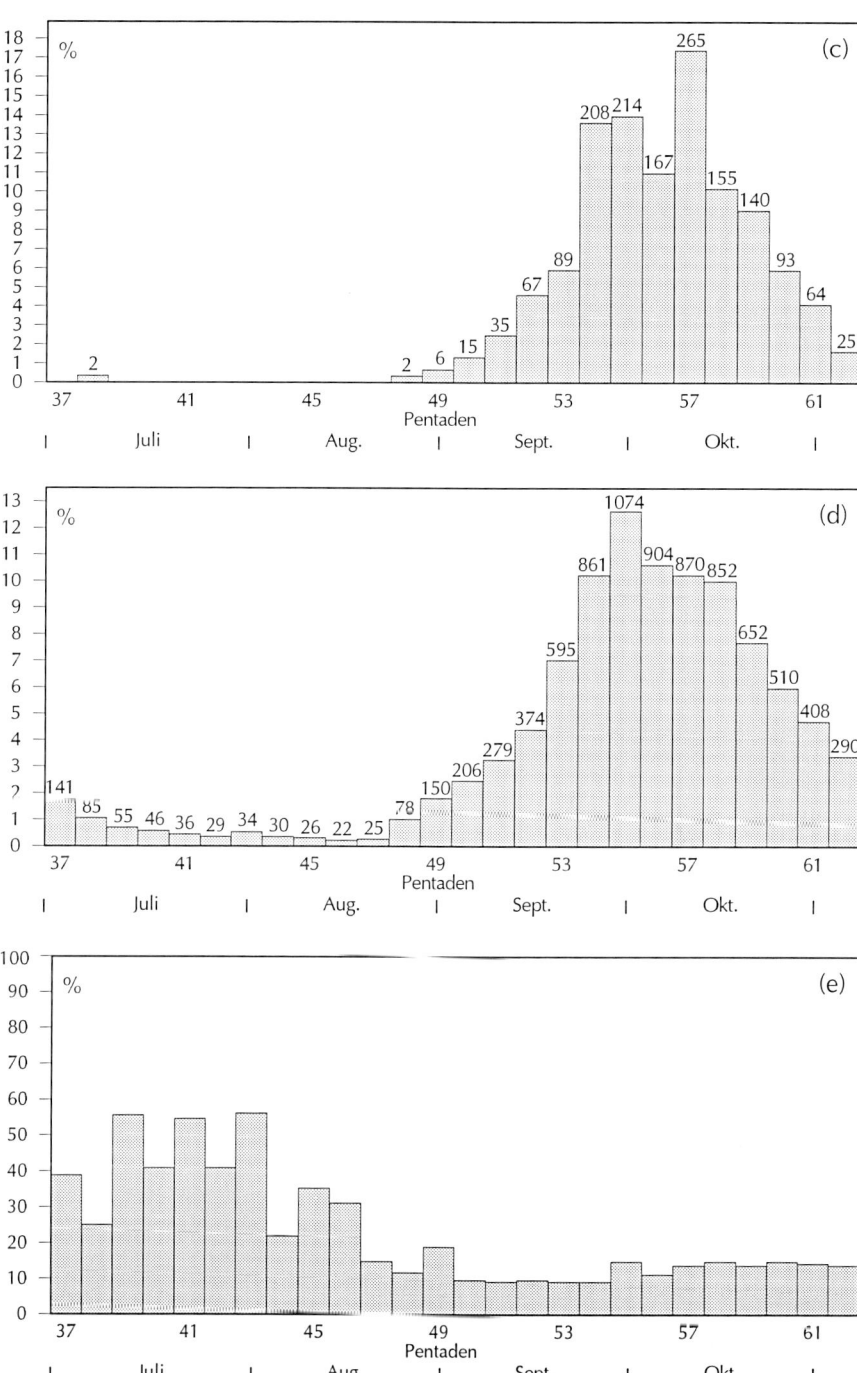

Unser Rotkehlchen zieht aber nachts. Trotzdem kann man die Anwendung eines »Sonnenkompasses« vermutlich nicht völlig ausschließen. Denn wenn die Zugunruhe im Vogel bereits in den Tagesstunden mobil ist, wird er vielleicht den Sonnenuntergang in seinen »Kompaß« integrieren.

Nachgewiesen ist aber durch sinnvolle Versuchsanordnung im Planetarium, daß Rotkehlchen sich nach den Sternen zu orientieren vermögen. So gelang es, durch Verstellung der künstlichen Sterne, die in Zugstimmung befindlichen Vögel in jede gewünschte Richtung zu lenken. Das Sternenmuster wird also zur Richtungsfindung verwandt, dabei ist auch der Mechanismus einer Zeitkombination möglich, der die scheinbare Drehung des Fixsternhimmels berücksichtigt. Auch bei Vorhandensein nur weniger Sterne vermag sich das Rotkehlchen zu orientieren.

Wenn aber der Sternenhimmel durch dicke Wolken verhangen ist? Nach einer älteren Theorie in den 30er Jahren u. Jh. vermutete man bereits die Lösung dieses Geheimnisses im Erdmagnetismus. Der Nachtzieher sollte ein Gespür für die unterschiedlich starken Kraftströme im Magnetfeld der Erde haben und diese zur Richtungsfindung nutzen. Nach Ende des 2. Weltkrieges stellte man Versuche darüber an. Es wurden zugunruhige Vögel in eisernen Käfigen untergebracht, in denen eine Magnetnadel sich völlig indifferent verhielt. Das Ergebnis: Die Vögel orientieren sich trotzdem exakt nach der arteigenen Zugrichtung. Auch Verfrachtungsversuche, bei denen man Vögeln an Köpfen und Füßen Magnete befestigte, bestätigten keine Abhängigkeit von magnetischen Kräften, denn die Kontrollvögel mit unmagnetischen Metallstücken an den gleichen Körperteilen fanden ebenso sicher wie die ersteren den Heimweg. Damit erhielt die Theorie vom Einfluß des Magnetfeldes der Erde auf die Richtungsorientierung von Nachtziehern ihren vorläufigen Todesstoß. Doch sie glomm weiter: ausgeklügeltere Versuchsanordnungen seit den 60er Jahren (WILTSCHKO 1968 u. a.) scheinen jene Ergebnisse zu widerlegen. Man erkannte wohl, daß im Vogel kein Polarisationskompaß (Nord-Süd-Richtung) existiert, wohl aber ein »Inklinationskompaß«. Bei diesem ist die Magnetnadel auf einer horizontalen Achse gelagert. Sie neigt sich je nach Standort in unterschiedlichen Winkeln in der Vertikalen zur Erde. An den magnetischen Polen steht sie senkrecht (90° zur Horizontalen), am magnetischen Äquator horizontal (0° zur Horizontalen). So erfaßt das Rotkehlchen die Neigung der magnetischen Feldlinien und gebraucht sie unter gegebenen Bedingungen auch gemeinsam mit dem Sternenmuster zur Richtungsfindung. Bei Freilandversuchen unter natürlichem Sternenhimmel richteten sich Rotkehlchen nach dem Magnetfeld, wenn die Richtungsinformationen von Sternen und Magnetfeld nicht konform gingen. Sie vermögen dann ihren Sternenkompaß entsprechend zu eichen (WILTSCHKO 1975 in GLUTZ & BAUER 1988). Bei bedecktem Himmel ergaben sich in der Zugroute der Rotkehlchen keine signifikanten Abweichungen gegenüber dem Zug unter Sternenlicht. Wenn jedoch künstliche Magnetfelder von etwa doppelter Erdfeldstärke erzeugt werden, war bei Rotkehlchen keine Zugorientierung mehr nachweisbar.

So wie der Vogel das Sperren und Fliegen nicht zu erlernen braucht, so muß er auch die Richtungsorientierung beim Zug nicht lernen. Sternen- und Magnetkompaß sind Erbgüter, denn Jungvögel ohne Begleitung der Adulten schlagen schon auf ihrem ersten Wegzug die arteigene Route ein.

Anders liegen die Dinge, wenn es sich darum handelt, einen genauen Zielpunkt wiederzufinden, d. h. ihre alte Brutheimat. Da ist es mit dem Richtungssinn allein nicht getan. Wir müssen hier eine echte Navigation vermuten, über deren Mechanismus kaum etwas bekannt ist. Nicht auszuschließen ist, daß sich das Rotkehlchen seinen Brutort visuell und durch Erfahrung eingeprägt hat, oder es müssen Sinnesleistungen vorhanden sein, die das Menschenhirn aufgrund seiner begrenzten Erkenntnisfähigkeit nicht oder noch nicht erfassen kann.

14 Schlafplätze und Schlafverhalten

Gewöhnlich übernachten Rotkehlchen einzeln in ihren Territorien. Bevorzugt werden dichte, efeuumrankte Gebüsche und blattreiches Unterholz in Bodennähe in 1 bis 3 m Höhe. Höhlungen in Steinspalten oder Nistkästen werden seltener genutzt. Einmal sah ich in winterlicher Morgendämmerung ein Rotkehlchen aus einem Starennistkasten schlüpfen. Im Winter werden auch Schuppen, Ställe und Garagen zum Übernachten genutzt. Es gibt genügend Berichte, nach denen an Menschen gewöhnte Rotkehlchen in harten Wintern in menschliche Wohnungen kommen, dort nicht nur übernachten, sondern bis zum Frühling mehr oder weniger freiwillig verweilen und dann wieder freigelassen werden.

Seltener sind Beobachtungen, nach denen Rotkehlchenpaare in der Brutzeit gemeinsam übernachten. Das tun sie aber nicht in der Nestbau- und Brutperiode, denn dann übernachtet das ♀ unmittelbar am bzw. im Nest. Gemeinschaftliches Nächtigen geschieht bisweilen auch außerhalb der Brutsaison, gewöhnlich sind es weniger als 10 Vögel; ausnahmsweise wurden in England einmal 35 Exemplare festgestellt (HARPER 1985). SWANN (1975) berichtet von einem Gemeinschaftsrastplatz in der Nähe von Aberdeen (Schottland), der von September bis März aufgesucht wurde; in zwei Fällen konnten die gleichen Schlafplätze in zwei aufeinanderfolgenden Jahren registriert werden, obwohl diese in der Brutzeit nicht besiedelt waren. Eben flügge Jungvögel übernachten einzeln oder in dichten Gebüschen, in der Regel näher am Erdboden als Altvögel. Völlig unabhängig davon nächtigen sie gelegentlich auch in kleinen Trupps gemeinsam mit älteren Exemplaren. Bisweilen wurde nächtliches Singen notiert, besonders wenn künstliches Licht in der Nähe dazu anregte.

15 Unterschiedliche Vertrautheiten des Rotkehlchens gegenüber den Menschen

Es fällt auf, daß manche Individuen mitteleuropäischer Rotkehlchen in freier Natur in 2 bis 4 Tagen soweit gezähmt werden können, daß sie den »Mehlwurm« aus der Hand nehmen. Meine Frau brachte das in unserem Garten mühelos fertig, in dem sie den Vogel diese Larven aus immer kürzerer Entfernung zuwarf. Auch ohne diese Lockmittel konnte ich mich danach diesem Rotkehlchen bis auf 0,5 m nähern und so einige der im vorliegenden Band verwendeten Aufnahmen bereits mit Normalobjektiv auslösen. Dieses Individuum blieb uns zwei Winter und zwei Sommer lang so kontinuierlich vertraut.

Abb. 63: ... und erwartet Nahrung. Ein in freier Natur im Umgang mit dem Verfasser vertrautes Rotkehlchen. Foto: PÄTZOLD.

Bei anderen Rotkehlchen gelingt diese Gewöhnung bis zur »Handzahmheit« nicht oder nur nach viel längerem Prozeß. Die Gründe dafür vermutete ich im unterschiedlichen Zugverhalten. Bei »meinem« Rotkehlchen handelte es sich um einen Standvogel. Ziehende Rotkehlchen machen in der Regel negative Erfahrungen mit den Menschen in südlichen oder südwestlichen Ländern, sind also vorsichtiger. Die Beobachtungen LACKs (1965) an britischen Rotkehlchen, die ja überwiegend dort überwintern, bestätigten meine Vermutungen. Diese Vögel sind im Winter nicht nur bemerkenswert zahm, sondern suchen den Menschen geradezu auf. Besonders deutlich wird dieses unterschiedliche Verhalten in Gebieten, wo zur Zugzeit Festlands-Rotkehlchen mit britischen Rotkehlchen zusammentreffen. So meiden z. B. ziehende Festlands-Rotkehlchen (von Norwegen kommend) auf der Insel May (schottische Ostküste) Gärten und Häuser, sie verstecken sich vor den Menschen unter Steinen und Bänken und können so durch ihr Verhalten von ziehenden britischen Vögeln, die den Menschen großes Vertrauen entgegenbringen, unterschieden werden.

Das Zähmen von Rotkehlchen in freier Natur gelingt am schnellsten bei rauher Witterung im Winter. Es ist bewiesen, daß die gewonnene Vertrautheit zu einer Person für Jahre anhalten kann, wie ich es erlebte. Beachtlich ist aber, daß das gewonnene Vertrauen auch nach monatelanger Unterbrechung anhält und der Vogel noch nach dieser Zeit sich seines Wohltäters erinnert bzw. ihn wiedererkennt. So berichtet LACK (1965) von einem Beobachter, der ein Rotkehlchen handgezähmt hatte und danach eine längere Reise antrat. Als dieser nach 6 Monaten in seinen Garten zurückkehrte, spürte er plötzlich ein Flattern auf seiner Schulter — es war »sein« Rotkehlchen. Auch Lord GRAY (in LACK 1965) schildert einen ähnlichen Fall. Letzterer hatte außerdem ein Rotkehlchen so weit gezähmt, daß es sich in einer Entfernung von 1 m vom Nest auf seiner Hand niederließ und »Mehlwürmer« daraus nahm. Es fütterte diese aber nur an die Jungen, wenn er sich etwa 5 – 6 m vom Nest entfernte.

Ein anderer Beobachter zähmte beide Partner eines Paares, bis diese Futter aus der Hand nahmen, doch als er sich später ihrem Nest näherte, wurde er von beiden Vögeln stoßend angegriffen. Ein ähnlicher Fall ereignete sich, als ein Rotkehlchenpaar in der Garage einer Londoner Vorstadt nistete und vorübergehende Passanten angriff.

Ganz außergewöhnlich ist aber nachstehende Begebenheit, berichtet von G. J. RENIER (in LACK 1965): Er hatte ein Rotkehlchen-♂ während des Winters zur Handzahmheit erzogen, bis zum Frühjahr nahm es Futter aus seinen Händen. Als er sich später dem Nest dieses Vogels näherte, wurde er nicht etwa stoßend angegriffen, wie das bisweilen geschieht, sondern dieses ♂ präsentierte ihn in heftiger Positurstellung in weniger als 0,3 m vor seinem Kopf die rote Brust. Dieses Tier betrachtete somit seinen einstigen Wohltäter als Artgenossen, der mit »in Positurstellung« vertrieben werden mußte — trotz des unfreundlichen Empfanges sicher ein großes Kompliment für den Zähmer! Ob dieser das auslösende Rot an seiner Kleidung trug, bleibt offen. Daß handaufgezogene Vögel auf ihren Pfleger geprägt werden, ihn als Artgenossen betrachten, ist nichts Neues. In diesem Falle aber handelte es sich um einen adulten Vogel, der in Freiheit von Rotkehlcheneltern erzogen worden war, also auf diese geprägt sein müßte — trotzdem sah er den Menschen als Artgenossen (wenn auch nicht als Freund)!

Zusammenfassend kann man vom Rotkehlchen sagen, daß es im Vergleich zu anderen Singvogelarten außergewöhnlich vertraulich gegenüber den Menschen sein kann, nie aber echt freundschaftlich.

Abb. 64 (rechts): Angriffsstellung eines Rotkehlchens. Nachgezeichnet nach LACK (1965).

16 Hege des Rotkehlchens im Winter

Obwohl die wenigsten Menschen bei der Winterfütterung unserer Singvögel bewußt das Rotkehlchen ins Kalkül ziehen, hält sich doch der Bestand dieser Art nahezu stabil oder pegelt sich nach Verlusten in zwei bis drei Jahren bald wieder ein. In milden oder nicht zu strengen Wintern sind deshalb besondere Hege- und Pflegemaßnahmen nicht erforderlich, denn das Rotkehlchen ist unter den Weichfressern ein relativ harter, wenig kälteempfindlicher Vogel. Nach meinen Beobachtungen übersteht unser Vogel schadlos Temperaturen bis zu −20 °C, vielleicht auch noch darunter. Voraussetzung: die Nahrungsgrundlage ist gesichert! Diese findet das in unseren Gärten und Parkanlagen überwinternde Rotkehlchen überwiegend im Faunenbereich des Fallaubes. Deshalb ist das bodenbedeckende Laub in schneearmen kalten Wintern besonders wichtig für das Überleben des Vogels. Gartenbesitzer mit Rotkehlchenrevieren sollten das bedenken. Durch das rigorose Zusammenraufen des Laubes bereits im Herbst und womöglich noch sein Verbrennen leidet nicht nur die Fruchtbarkeit der Böden und die Sauberkeit der Luft; es wird damit auch die Nahrungsgrundlage für manchen Singvogel entzogen, wie Rotkehlchen, Zaunkönig, Heckenbraunelle oder Amsel. Diese Erkenntnis und die praktischen Schlußfolgerungen daraus sind wichtiger für das Überleben der Rotkehlchen als gedankenloses Ausstreuen von meist ungeeignetem Futter.

In harten schneereichen Wintern dagegen können Fütterungsmaßnahmen den Verlust an Rotkehlchen weitgehend einschränken und werden unter diesen Verhältnissen wärmstens empfohlen. An den Fenstern von Stadthäusern wird man Rotkehlchen bei uns nur in Ausnahmefällen sehen. Futterstellen in buschreichen Gärten mit Rotkehlchen-Winterrevieren werden aber besucht, wenn auch weniger oft als von Meisen und Finkenvögeln.

Was bieten wir unserem Vogel an? Daß Körnerfutter ausscheidet, braucht hier nicht besonders betont zu werden (Ausnahme: Mohn). Wohl nehmen hungrige Rotkehlchen Brotkrumen, Speck und Schweinefett anscheinend recht gern, doch dürften diese Stoffe der Gesundheit des Vogels kaum dienlich sein. D. Lack berichtet von 3 zahmen Rotkehlchen, die regelmäßig Butter bekamen, aber Margarine verschmähten, natürlich ohne damit sagen zu wollen, daß Butter die geeignete Rotkehlchennahrung im Winter sei. F. Naumann erwähnt, daß bei der Winterfütterung eine Vorliebe für Pflaumenmus bekundet wird. Nach meinen Erfahrungen werden auch Haferflocken und wenig gesalzener Käse gern genommen. Ideal sind dazu getrocknete Beeren, »Mehlwürmer« und Getreideschrot. Wer aber scheut nicht die Mühe und die Ausgaben, im Herbst Beeren zu sammeln, zu trocknen oder gar »Mehlwürmer« nur für freilebende Rotkehlchen zu kaufen? Das Füttern der Meisen und Grünfinken ist doch viel einfacher.

Mir fällt an dieser Stelle die oben angeführte (s. Kap. 9.2) Nahrungsanalyse von Rotkehlchenmägen durch Debusche & Isenmann (1985) in den Sinn: Eicheln dominieren im Mittwinter! Das ist nicht nur ein aufschlußreiches Ergebnis für die Wissenschaft; es könnte auch der praktischen Überlebenshilfe unserer in strengen Wintern arg bedrohten Rotkehlchen dienen: Bieten wir doch geschrotene Eicheln! Das ist zwar nicht alles, was ein Rotkehlchen im Winter braucht, aber sicher von großem Nutzen, weil einfach zu verwirklichen. Vielleicht lohnt es sich auch für den Handel.

17 Das Rotkehlchen in der Obhut des Menschen

Früher gehörte das Rotkehlchen neben der Mönchsgrasmücke (*Sylvia atricapilla*) zu den meistgekäfigten Vögeln unter den Weichfressern. Es ist anspruchslos und ausdauernd und erfreut den Pfleger neben seinem Gesang durch sein ansprechendes und interessantes Verhalten. Heute ist seine Haltung lt. Gesetz nur noch für Forschungszwecke möglich oder vorübergehend für kranke oder verletzte Vögel, die unserer Hilfe bedürfen.

Die Eingewöhnung erfolgt mit zerschnittenen oder auch lebenden »Mehlwürmern.« Dazu gibt man noch Ameisenpuppen und frische oder getrocknete und wieder aufgequollene Holunderbeeren. Dieses Futter kann man auch später als Grundmischung beibehalten, jedoch beschränkt man die Mehlwürmer nach der Mauser auf 3 bis 5 täglich; dazu soviel wie möglich Insekten, Kellerasseln und Spinnen. Ab Mitte Januar erhöht man die Zahl der Mehlwürmer allmählich und reicht von März bis Juni täglich 15 bis 20 Stück.

NEUNZIG (1929) schreibt zur Fütterung von Rotkehlchen: »Ein gutes Futtergemisch für Rotkehlchen besteht aus zwei Teilen trockener Ameisenpuppen, je einem Teil fein gemahlenen Hanfs, geriebenem Weißkäse, geriebenen und gequollenen Holunderbeeren und etwa einem halben Teil geriebenen Vogelbiskuits. Dieses Gemisch wird mit so viel fein geriebener unausgedrückter Möhre verarbeitet, daß es ein leichtes, mäßig feuchtes Gemisch wird. Gelegentliche geringe Zusätze von gutem Garnelenschrot, Muska usw. dienen zur Abwechslung des Futters.«.

Besonderer Wert ist auf frisches Trink- und Badewasser sowie auf einen sauberen Käfigboden zu legen. Der Käfig soll etwa 60 cm lang, 25 cm breit und 30 cm hoch sein, eine weiche Decke ist empfehlenswert. Einzelhaltung ist erforderlich, da das stark ausgeprägte Revierbewußtsein gegenüber Artgenossen und auch anderen Vögeln zu Unverträglichkeiten führt.

Das Rotkehlchen hat sich in Gartenvolieren, Vogelstuben und auch in Flugkäfigen erfolgreich fortgepflanzt. Bedingung ist die Alleinhaltung eines Paares. Als Nistmaterial reicht man zerpflückte Vogelnester und als Aufzuchtfutter frische Ameisenpuppen, Insekten Mehlwürmer und Universalfutter mit Eigelb untermischt.

WICHLER (1928) berichtet von einer mißlungenen und einer erfolgreichen Aufzucht in der Voliere (letztere mit Freiflug). Das Nest, am 26. Juni begonnen, wurde allein vom ♀ in einer Kiste der Voliere gebaut, aus Stoffen ehemaliger Finkennester. In dieser Periode erfolgten häufige Begattungen, besonders morgens und abends. Bereits am 28. Juni lag das erste Ei, am 3. Juli das sechste und letzte im Nest. Das ♀ brütete nach dem dritten Ei, wonach keine Paarungen mehr zu beobachten waren. Fünf Junge schlüpften nach 14 Tagen, ein Ei erwies sich als taub. Obwohl Ameisenpuppen, zerschnittene »Mehlwürmer« und diverse Insekten gereicht wurden, fütterte das Paar nicht, so daß die Jungen eingingen. Am gleichen Tage wählte das ♂ einen neuen Brutplatz, sang fleißig und erregt. Einen Tag darauf fand die erste

Kopulation statt, und auch der Nestbau begann. Vom alten Nistmaterial wurde nichts verwendet. Schon am nächsten Tag begann die Eiablage. Ab viertem Ei wurde gebrütet und am nächsten Tag das fünfte und letzte Ei gelegt. Einen Tag vor dem Schlupf öffnete der Pfleger die Voliere zum Freiflug in den Garten. Das ♂ machte sofort davon Gebrauch, kehrte aber erst nach drei Tagen zurück. Das ♀ flog nach dem erfolgreichen Schlupf der fünf Jungen ebenfalls in den Garten, kehrte aber — ohne Nahrung für die Pulli mitzubringen — ins Nest zurück und huderte die Jungen. Der Pfleger hatte die Hoffnung auf eine erfolgreiche Aufzucht schon aufgegeben, als plötzlich das ♂ zurückkehrte, die Jungen fast regungslos anstarrte, in den Garten flog und mit Futter am Nest erschien. Drei Tage versorgte das ♂ die Jungen allein, während das ♀ nur huderte. Danach fütterte auch das ♀, und die fünf Jungen konnten nach 13 Tagen das Nest bei normaler Entwicklung verlassen.

Abb. 65: Rotkehlchen füttern ihre Jungen auch im Käfig. Foto: PÄTZOLD.

Setzt man Rotkehlchennestlinge in einen Käfig, so füttern die Altvögel die Brut auch hier bis zur völligen Selbständigkeit. Sie finden ihre Jungen fast augenblicklich, auch wenn der Standort oft wechselt (bis zu 30 m). Bei meinen Versuchen war bemerkenswert, daß die Jungen, auch wenn sie sehr hungrig waren, bei der Fütterung auf ihren zufällig eingenommenen Plätzen sperrend ausharrten und den Altvögeln auch nicht einen Zentimeter entgegenkamen. Das führte, als seitlich durch die Käfigstäbe gefüttert wurde, oft zum unverrichteten Abflug der Alten. Abhilfe wurde geschaffen, wenn ich die Sitzstangen so hoch unter der Käfigdecke anbrachte, daß die Jungen ihre Schnäbel nach oben zwischen die Stäbe schieben konnten. In freier Natur entgehen die Jungen durch das strikte Ausharren an einem Punkt dem Entdecktwerden.

Es ist bekannt, daß Rotkehlchen als Frühjahrswildfänge im ersten Sommer in der Regel laut und feurig singen, aber nach der Überwinterung im folgenden Jahr in der Lautstärke nicht mehr befriedigen. Diese Eigenschaft muß mit dem ausgeprägten Revierverhalten in Zusammenhang gebracht werden. Das Rotkehlchen verfügt auch im natürlichen Lebensraum über einen lauten und einen gedämpften Gesangstyp. Der laute Gesang dient fast ausschließlich als Mittel zur Vertreibung des Eindringlings (s. Kap. 11.1.5). Ein bereits mehrere Monate gekäfigtes Rotkehlchen, das in seinem »Revier« nie mit einem Grenzverletzer zusammentraf, fühlt sich hier nicht mehr bedroht und hat keine Veranlassung mehr, den Gesang als Kampfmittel anzuwenden. Nur dem Pfleger zuliebe singt eben ein Rotkehlchen auch bei bester Haltung nicht mehr laut, sondern — wie beim Herbstgesang — mehr zur eigenen Stimulierung. Wenn in Gartenvolieren bei kalter Überwinterung gewisse Erfolge beim lauten Singen erzielt werden, dann beweist das nur, daß der Vogel infolge der Nähe seines natürlichen Lebensraumes sich immer noch in Kampfstimmung befindet und mit einem eindringenden Gegner rechnet.

Rotkehlchen lassen sich leicht fangen und gewöhnen sich rasch ein. LACK (1965) berichtet von einem Vogel, der sich an einem Tag 8mal fangen ließ und nach seiner Freilassung erneut darauf wartete, wieder in die Falle, die aus einer 1,5 m³ großen Drahtgitterreuse bestand, zu huschen. Sicher darf man dieses Verhalten nicht verallgemeinern, dennoch erheben sich Bedenken gegen die manchmal über Gebühr gerühmte Intelligenz des Rotkehlchens. Mit einem echten Neugiertrieb, der im allgemeinen mit hoher Leistungsfähigkeit des Zentralnervensystems (ZNS) einhergeht, kann dieses Verhalten kaum erklärt werden. Der Vogel müßte doch nach wiederholter Freiheitsberaubung gelernt haben, die Falle zu meiden. Daß er die Gefangenschaft angenehm empfindet, ist nicht zu erwarten; dagegen spricht die Tatsache, daß Rotkehlchen als Käfigvögel sehr schwer wieder in ihre Behausung zu bringen sind, wenn ihnen Freiflug im Zimmer gewährt wurde. Auch JOHANN ANDREAS NAUMANN, der Vater des Altmeisters der deutschen Vogelkunde, schreibt schon vor über 200 Jahren in seinem »Vogelsteller«: »Das Rotkehlgen ist ein bekannter Vogel. Es ist sehr einfältig und wird daher in jeder Art des Vogelfanges berücket«.

Das Rotkehlchen vollbringt auch Ammendienste in der Gefangenschaft. So berichtet F. NAUMANN (1905) von einem von ihm aufzuziehenden Hänfling, der von seinem Käfig aus ständig und lauthals nach Futter bettelte. Ein in der Stube umherfliegendes Rotkehlchen nahm sich seiner an und fütterte ihn, sobald er sich meldete. Diese Fälle sind nicht selten, kennen wir sie doch auch von freilebenden Rotkehlchen (s. Kap. 11.7.5).

Ein außergewöhnliches Vorkommnis, das nicht recht in das Verhaltensmuster eines Rotkehlchens zu passen scheint, schildert A. E. BREHM. In seinem Heimatort wurden 2 Rotkehlchen-♂ in einem gemeinsamen Käfig gehalten. Natürlich lebten sie in permanentem Streit und Kampf — aber nur so lange, bis eines von ihnen ein Bein brach. Damit war alle Feindschaft beendet! Das gesunde ♂ trug dem Verunglücktem »Nahrung zu und pflegte ihn aufs sorgfältigste«, bis das Bein geheilt war. Der Hader war jedoch für immer vergessen.

Als ich diese Begebenheit als 12jähriger erstmals las, war ich tief beeindruckt, und sie blieb mir unvergessen. Später kamen Zweifel. Obwohl der von mir bis heute verehrte Tiervater höchstwahrscheinlich nicht Augenzeuge dieser Handlungsweise war, schrieb er doch von »etwas wie Mitleid«, und wir können ihm darin heute nicht mehr voll zustimmen. Obwohl wir Vögeln Gefühle wie Trauer und Eifersucht nicht absprechen, so scheint es doch unwahrscheinlich, daß plötzlich Mitleid für einen erbitterten Feind empfunden wird, welches dann gar eine »humane« Handlung auslöst. Sollte ein »Demutsverhalten« des verunglückten Vogels vorliegen, so ist immer noch zweifelhaft, ob dieses den Pflegetrieb beim gesunden ♂ in so rührender Weise entfacht. Außerdem ist schwerlich vorstellbar, daß ein gebrochenes Bein den Vogel nicht mehr in die Lage versetzen würde, selbständig Nahrung aufzunehmen, zumal, wenn sie im Käfig dargereicht wird (manche Vögel leben jahrelang mit nur einem Bein in der Freiheit). Noch mehr Zweifel entstehen aber, wenn wir wissen, daß der eigentliche Auslöser der Aggressivität, nämlich das Gelbrot auf der Brust, nach wie vor existierte — und das bei einem lebendigen Vogel (wir erinnern uns hier an die Versuche LACKs (1965) mit Stopfpräparaten, wo sogar einzelne rote Federbüschel bekämpft wurden)! Dennoch — wir sind nicht berechtigt, die Fakten dieses Berichtes zu dementieren. Es kann eine Anomalie oder Übersprungshandlung bei beiden Vögeln vorgelegen haben, verursacht durch langandauernden Streß in der fehlerhaften Haltung (wer sperrt denn zwei Rotkehlchen-♂ in einen gemeinsamen Käfig!). Nur sollte man diesen Fall nicht verallgemeinern.

18 Zur Morphologie des »Gesichtes« — Sympathie und Intelligenz

Auf die bemerkenswerten Kopfproportionen, die uns das Rotkehlchen liebenswürdig erscheinen lassen und unseren Brutpflegetrieb ansprechen, habe ich im ersten Kapitel hingewiesen. Hier wollen wir von der Morphologie her nochmals darauf eingehen.

Der Gesichtsausdruck eines Vogels wird vorwiegend geprägt durch die Größen von Schnabel und Auge bzw. ihren Abständen voneinander und ihrer Lage im Kopfprofil. Um einen einfachen Parameter mit möglichst umfassender Aussagekraft für das »Gesicht« zu finden (PG), setze ich die Länge der Schnabel-Augen-Linie (Strecke zwischen Schnabelspitze und Augenmitte) ins Verhältnis zur Strecke Stirnbefiederungsansatz bis Augenmitte (entspricht etwa der Differenz zwischen Schnabel-Augenlinie und Schnabellänge).

Beim Rotkehlchen wird

$$P_G = \frac{20,5}{20,5 - 9,5} = 1,87 \;.$$

Interessant sind dazu vergleichsweise nachstehende PG-Werte verschiedener Vögel in aufsteigender Reihenfolge:

Blaumeise	1,60	Mongolenlerche	2,50
Mornellregenpfeifer	1,80	Stieglitz	3,00
Rauchschwalbe	1,90	Rohrdommel	3,20
Graugans	2,40	Pirol	3,30
Seeregenpfeifer	2,44	Rabenkrähe	4,00
Waldkauz	2,50	Waldschnepfe	4,00
Kiebitz	2,50	Sichler	7,10

Obwohl bei dieser geometrischen Wertung Schnabeldicke und -form sowie Augengröße und Stirnausbildung als wesentliche Elemente des Vogelgesichtes noch unberücksichtigt blieben, gewinnt man den Eindruck, daß uns Vogelgesichter mit niedrigem PG-Wert sympathischer (manche auch »klüger«) erscheinen als solche mit höheren Parametern. Rotkehlchen, Meisen, Regenpfeifer und Schwalben — wer könnte diesen Vogelgesichtern seine Sympathie versagen? BENGT BERG (1925) ließ sich wohl in der Beurteilung der »Klugheit« des Mornellregenpfeifers auch von der sympathischen Kopfgestalt dieses Vogels beeinflussen, doch können wir ihm heute nicht mehr in allen Punkten zustimmen. Sympathie und Intelligenz müssen auch beim Vogel durchaus nicht auf gleicher morphologischer Linie liegen. Eine Krähe z. B. übertrifft den Regenpfeifer in der Leistung des Zentralnervensystems (ZNS) ganz unbestritten, aber gerade diese wird von vielen Menschen als »häßlicher Vogel« bezeichnet, wie auch sein hoher PG-Wert es ausweist. Unabhängig von diesem Wert werden auch Vögel mit dickem Schnabel, flacher Stirn und kleinen Augen meist weniger ansprechend empfunden als umgekehrt.

Beim Rotkehlchengesicht mit den großen Augen und der s c h e i n b a r hohen Stirn empfindet man, daß Liebenswürdigkeit sich hier mit Intelligenz paare, zumal auch die Verhaltensweisen auf besondere Leistungen des ZNS hinzudeuten scheinen. So die rasche Anpassung an das Gefangenschaftsleben, das sichere Zurechtfinden im Käfig und in Wohnungen, worin das Rotkehlchen andere Singvogelarten, so auch die verwandtschaftlich nahestehende Nachtigall, besonders aber die Vögel der offenen Landschaften, zweifellos übertrifft. Bei kritischer Betrachtung und Berücksichtigung der ökologischen Bedingungen und Gegebenheiten wird aber deutlich, daß das Rotkehlchen auch als Altvogel in der Gefangenschaft nicht so viel zu erlernen braucht — es kann schon fast alles! Die Umweltansprüche des dämmerlichtigen Geborgenseins im Unterholz, verbunden mit freiem Ausblick auf eine Waldwiese (Fenster) werden bei Käfighaltung mit freiem Aus- und Einflug im Zimmer recht gut erfüllt. Durch den ständig wechselnden Aufenthalt zwischen Dickicht, Erdboden und Lichtung ist es geradezu darauf spezialisiert, räumliche Strukturen in unterschiedlichen Lichtverhältnissen zu meistern; und die von uns bewunderte »Klugheit« und Anpassung sind weitgehend angeborene Orientierungsfähigkeiten. Dazu kommt die im jugendlichen Stadium empfangene nahrungsbedingte Prägung auf das Großtier bzw. den Menschen (s. Kap. 9.1), die eine rasche Futterzahmheit, nicht aber eine echte Verbindung zum Pfleger bewirkt. Im Gegensatz zur Nachtigall nimmt das Rotkehlchen den Mehlwurm sehr schnell aus der Hand, fliegt aber, ohne hier zu verweilen, sogleich wieder ab; auch bei aufgepäppelten Vögeln ist das nicht anders. Nachtigallen dagegen, die sich auch in Freiheit dem Menschen gegenüber zurückhaltender geben, betrachten den Wurm sehr lange und nähern sich nur zögernd und oft wieder zurückweichend. Letztlich überwinden sie die Scheu und »steigen« auf die Hand, wo sie auch verweilen, wenn sie den Wurm verzehren. Die so gezähmte Nachtigall bleibt dem Pfleger weiterhin verbunden, und das Verhältnis zu ihm wird noch inniger, wenn er sich häufig mit dem Vogel beschäftigt. Beim Rotkehlchen gewinnt man nicht den Eindruck, daß sich der anfangs so schnell geschlossene Kontakt im Lauf der Zeit vertieft. Es bleibt eine »Futterzahmheit«. Darüber hinaus spricht HEINROTH (1924) von einer ausgeprägten »Wutzahmheit« des Rotkehlchens, sogar bei jung vom Menschen aufgezogenen Vögeln; »sie (die in Revierverteidigungsstimmung befindlichen Rotkehlchen, d. Verf.) halten den Pfleger für einen zu bekämpfenden Eindringling in ihr Gebiet und nehmen ihn wütend an, sie würden ihn umbringen, wenn sie irgend könnten. Das sieht natürlich bei einem so kleinen und uns Menschen gegenüber völlig wehrlosen Geschöpf ungemein belustigend, ja sogar niedlich aus«.

Derartige Verhaltensweisen, oft als freundschaftliche Zuneigung gedeutet und beträchtliche kordiale Emotionen beim Pfleger hinterlassend, begründen zum guten Teil die bei Liebhabern verbreitete Überbewertung der »geistigen« Fähigkeiten des Rotkehlchens. Hohe Leistungen des ZNS sind jedoch von gesellig lebenden Arten mit echtem Kontaktbedürfnis und ausgeprägtem Neugierverhalten sicherer zu erwarten als beim Einzelgänger Rotkehlchen. Allein die für die Kommunikation notwendige Nachrichtenübermittlung erfordert in der Regel eine höhere Entwicklung des Nervensystems. Im Gegensatz zum Rotkehlchen nehmen gesellige Arten den Pfleger nicht selten als Partner an, statt als Eindringling. Echtes Neugierverhalten, wie es z. B. gefangene Krähen zeigen, die noch bei leichtem Hunger dargebotene Leckerbissen liegen lassen, wenn sie gerade mit etwas Interessantem beschäftigt sind, kann man beim Rotkehlchen nicht beobachten. Die Feststellungen HEINROTHs, daß sich das Rotkehlchen strafen läßt »ohne dabei scheu zu werden«, weisen meines Erachtens ebenfalls in diese Richtung, denn wenn der Vogel nicht mehr lernt, auf unangenehme Erlebnisse in gehörigem Maß zu reagieren, muß das eher als Mangel bewertet werden, als eine besondere »Intelligenzleistung«.

Gestützt werden diese Erwägungen durch die von PORTMANN (in TEMBROCK 1973) untersuchten und berechneten Gehirnindizes, die das Verhältnis der Masse des Großhirns (Hemisphäre) als Hirnteil höherer Ordnung zur Masse der untergeordneten Hirnteile ausdrücken. Mit der relativ größeren Masse der Hemisphäre als entwickeltstem Teil des ZNS darf bei gleicher Qualität der Gehirnsubstanz (was bei verwandten Familien vorausgesetzt werden kann) ein komplizierter Ablauf der nervalen Funktionen erwartet werden. Das Rotkehlchen weist danach einen Gehirnindex von 5,01 aus und steht damit über Mehlschwalbe *Delichon urbica* (2,28), Fliegenschnäpper *Muscicapa striata* (4,28) und Teichrohrsänger *Acrocephalus scirpaceus* (4,41). Übertroffen wird es jedoch von Stieglitz *Carduelis carduelis* (6,47), Blaumeise *Parus caeruleus* (8,77), Kohlmeise *Parus major* (8,92) und den Krähenvögeln Corvidae, die mit einem Verhältnis von 14,5 ! aufwarten.

Doch dürften diese hier aufgeführten anatomischen Besonderheiten nicht allein ausschlaggebend für die Beurteilung der Intelligenzleistungen bei Vögeln sein. Auch kann aus den bei Vögeln gegenüber Säugern nur mangelhaft entwickelten Hirnwindungen (Neocortex) nicht unbedingt der Schluß auf ein geringeres Denkvermögen gezogen werden. So kam das russische Akademiemitglied BERITASCHWILI zu der Erkenntnis, daß bei den Vögeln der Neocortex durch eine Cortexplatte (= Rindenplatte) ersetzt wird, die gemeinsam mit dem Hyperstriatum (= Streifenkörper des Vogelgehirns) die Funktion des Neocortex erfüllt. Dies ist das Ergebnis sinnreicher Experimente und keine konstruierte Schlußfolgerung (Starikowitsch 1984).

Zusammenfassend kann eingeschätzt werden, daß das Rotkehlchen hinsichtlich seiner intellektuellen Fähigkeiten manchen Sperlingsvögeln überlegen ist; ob es dabei die am meisten entwickelten Vertreter aus den Familien der Meisen, Finken und Sperlinge erreicht oder übertrifft, sei dahingestellt. Papageien, Stare und Krähen sind sicherlich prävalent. Daß aber einzelne Individuen ganz erstaunliche Lern- bzw. Intelligenzleistungen vollbringen können, wurde bei der Schilderung des Fischfanges (s. Kap. 9.1) gezeigt.

Die morphologische Sehschärfe (= kleinster Winkel unter dem zwei Punkte in der Netzhaut auf verschiedenen Zapfen abgebildet werden können), von DONNER (s. BERNDT & MEISE 1959) ermittelt, liegt beim Rotkehlchen bei 2'20"; es sieht damit so scharf wie etwa eine Haustaube (2'10") und übertrifft die Goldammer (*Emberiza citrinella*) um weniges (2'50"). Eine Feldlerche (*Alauda arvensis* (1'56"), den Menschen (0'30") oder einen Mäusebussard (0'17") vermag es nicht zu erreichen. Dies ist ja auch für einen Gebüsch-Bodenvogel, der die Nahrung nicht aus großer Entfernung sichten muß, nicht notwendig. Die »physiologischen« Sehschärfen (durch Versuche ermittelt) bestätigen diese Werte.

19 Feinde und Verlustursachen

Von NAUMANN (1905) werden Fuchs, Baummarder, Wiesel und alle Wieselartigen an erster Stelle unter den tierischen Feinden genannt, die die Rotkehlchenbrut dezimieren. In stärkerem Maße werden Gelege und Jungvögel von Eichelhähern, Dohlen, Elstern, Eichhörnchen und verschiedenartigen Mäusen bedroht. In meinem Beobachtungsgebiet an den linken und rechten Elbhängen bei Dresden gehen etwa 70 % der zerstörten Rotkehlchenbruten auf das Konto von Eichelhähern und Mäusen. Darüber hinaus sind es Igel, Katzen, Ratten und Schlangen, die der Brut gefährlich werden. Sogar Laufkäfer (*Carabus*) und Wegschnecken (*Arion*) können soeben geschlüpfte Vögel töten.

Abb. 66: Kuckucksei im Rotkehlchennest in einer ausgefaulten Buche dicht über dem Boden. Foto: I. MAKATSCH.

Auch dem Kuckuck fallen Rotkehlchenbruten zum Opfer. Jedoch spielt das Rotkehlchen als Kuckuckswirt eine geographisch unterschiedliche Rolle. In manchen Regionen kann man es nicht in die Reihe der bevorzugten Kuckuckswirte stellen. In Südostsachsen sind es am häufigsten »Gartengrasmückenkuckucke«, die das Rotkehlchen aufzieht. Anders ist es im Raum Württemberg; hier wurden 2/3 aller bemerkten Kuckuckseier in Rotkehlchennestern gefunden. In Großbritannien ziehen Rotkehlchen nicht selten Kuckucke auf, hier stehen sie an 5. Stelle unter den Kuckuckswirten.

In Nordungarn waren von 1 285 Rotkehlchennestern 37 % und in Nordostfrankreich von 116 Nestern 20 % vom Kuckuck belegt. Manche Rotkehlchen verlassen das Nest, wenn der Kuckuck darin parasitiert. Es kommt aber vor, daß mit dem Kuckuck auch eigene Junge erfolgreich großgezogen werden.

Die häufigsten Verluste bei alten Rotkehlchen werden nicht durch Greifvögel verursacht, wie früher angenommen wurde, sondern durch Kälte und Futtermangel in strengen Wintern. Aber auch in normalen Wintern ist die Mortalität höher als in der übrigen Jahreszeit, resultiert doch die niedrige Lebenserwartung (s. Kap. 21) im wesentlichen aus der hohen Wintersterblichkeit, wovon auch ziehende Vögel nicht ausgeschlossen werden.

Von den in Mitteleuropa verbleibenden Rotkehlchen sterben in normalen Wintern nach Einschätzung verschiedener Autoren 40 – 50 %, in strengen Wintern bis 80 % und in außergewöhnlichen harten Perioden sogar bis 100 %.

Verluste durch Greifvögel sind bei Rotkehlchen im Vergleich zu anderen Sperlingsvögeln der offenen Landschaft gering, finden sie doch in ihrem unterholz- und gebüschreichen Biotop ausreichende Verstecke und Deckungsmöglichkeiten.

In erster Linie ist es der Sperber, der das Rotkehlchen greift. Unter 77 344 von Habichten, Bussarden, Falken und Eulen erbeuteten Vögeln befanden sich (nach UTTENDÖRFER 1952) 2 365 Rotkehlchen, also 3 % (bei Feldlerchen 11 %), diese verteilten sich wie in Tabelle 7 dargestellt.

An einem Uhu-Brutplatz aus dem 18. Jh. in der Hohen Tatra konnte SCHAEFER (1974) aus 6 000 Wirbeltieren mindestens 86 Rotkehlchen ermitteln. In bebauten Gebieten werden Rotkehlchen auch Opfer des Jagdtriebes der Hauskatze, obwohl erstere nach Informationen, die bei LACK (1965) eingingen, nach der Erbeutung nicht gefressen werden sollen. Auch NOTES & QUERIES (1850) berichten, daß Wiesel und Wildkatzen den Rotkehlchen nicht nachstellen würden, wenn sie vorher die Schutzfärbung wahrnehmen.

Nach LACK werden in England etwa 1 % der flüggen Rotkehlchen tot aufgefunden, während von den überwinternden adulten Vögeln 3,5 % als Totfunde registriert werden. Über den größten Teil der Verluste gibt es keine Belege. Von den genannten Totfunden bleibt die Ursache des Todes bei über 2/3 der Vögel unbekannt. Tabelle 8 gibt die bekanntgewordenen Todesursachen wieder.

Die Tabelle kann den tatsächlichen Anteil der Todesursachen nicht vermitteln, da die Funde vornehmlich aus dem Bereich der menschlichen Zivilisation stammen.

Auffallend ist der hohe Anteil der ertrunkenen Vögel, vermutlich ist die Nahrungsaufnahme aus dem Wasser keine so große Seltenheit. Es liegen auch Berichte über ungewöhnliche Todesfälle vor. So wurden ein Elternteil sowie ein junges Rotkehlchen tot aufgefunden, jeder mit einem Anteil des gleichen Pferdehaares, das sich im Magen festgesetzt hatte. Ein anderes Rotkehlchen fand den Tod zwischen zwei aufrechtstehenden Dachschiefern, die den Abschluß einer Gartenmauer bildeten.

Einen seltenen Unfall erlitt ein Rotkehlchen, das sich beim Putzen die Schnabeldille so tief in die Nackenhaut gestoßen hatte, daß es den Kopf nicht selbst wieder befreien konnte.

Tab. 7: Anteil der von Greifvögeln und Eulen erbeuteten Rotkehlchen. Nach Uttendörfer (1952).

Urheber der Rupfung	Individuenzahl	%-Anteil von den gesamten erbeuteten Rotkehlchen
Sperber (*Accipiter nisus*)	1 775	75,00
Waldohreule (*Asio otus*)	20	0,85
Waldkauz (*Strix aluco*)	17	0,72
Sperlingskauz (*Glaucidium passerinum*)	14	0,60
Habicht (*Accipiter gentilis*)	8	0,34
Schleiereule (*Tyto alba*)	5	0,22
Mäusebussard (*Buteo buteo*)	3	0,13
Steinkauz (*Athene noctua*)	2	0,08
Wanderfalk (*Falco peregrinus*)	1	0,04
Baumfalk (*Falco subbuteo*)	1	0,04
Merlin (*Falco columbarius*)	1	0,04
Rauhfußbussard (*Buteo lagopus*)	1	0,04
Unbekannte Urheber	517	21,90
Gesamt	2 365	100,00

Tab. 8: Todesursachen von 110 Rotkehlchen in England. Nach LACK (1965).

Anzahl der Vögel	Todesursache	%-Anteil der Funde, deren Todesursache bekannt wurde
44	Hauskatze	40,0
24	Mausefallen	21,8
4	Andere als Mausefallen	3,7
10	Ertrinken	9,1
13	Verkehrsunfälle auf Straßen oder Berühren von Leitungsdrähten	11,8
4	Rotkehlchen	3,7
2	Waldkauz	1,8
1	Steinkauz	0,9
1	Hermelin	0,9
1	Mauswiesel	0,9
1	Hund	0,9
1	Sperber	0,9
1	Erfrieren	0,9
1	Im Netz gefangen	0,9
1	Ratte	0,9
110	Gesamt	100,0

Durch Anflug an deutsche Leuchttürme in der Zeit von 1885 bis 1894 fanden mindestens 1 726 Rotkehlchen den Tod (GROEBBELS 1932). Noch zum Ausgang des vorigen Jahrhunderts endeten beträchtliche Mengen von Rotkehlchen in den zum Fang von Krammetsvögeln bestimmten Dohnen. BLASIUS (in SOFFEL 1922) gibt allein für Preußen jährlich 27 000 Rotkehlchenopfer in Dohnenstiegen an.

Rotkehlchen werden wie alle Oscines auch von Parasiten befallen. Ob sie dadurch Verluste erleiden, wissen wir nicht. BALAT et al. (in HUDEC 1983) führen nachstehende beim Rotkehlchen gefundene Schmarotzer auf:

Würmer	*Paricterotaenia* METTRICK, 1958
	Paricterotaenia sp. RYSAVY, 1955
	Aprocta cylindrica LINSTOW, 1883
	Capillaria ovopunctata (LINSTOW, 1873)
Milben	*Proctophyllodes rubeculinus* (KOCH, 1841)
	Trouessartia rubecula JABLONSKA, 1968
	Microlichus avus (TROUESSART, 1887)
	Ptilonyssus motacillae FAIN, 1956
	Ixodes ricinus (LINNAEUS, 1758)
	Haemaphysalis concinna C. L. KOCH, 1844
Federlinge	*Hyalomma* sp.
	Ricinus rubeculae (Schrank, 1876)
	Allonirmus tristis (GIEBEL, 1874)
	Menacanthus sp.
	Docophorulus rubeculae (DENNY, 1842)
Zweiflügler	*Ornithomyia avicularia* (LINNAEUS, 1758)
	Ornithomyia fringillina CURTIS, 1836
	Ornithomyia chloropus BERGROTH, 1901
	Protocalliphora azurea (FALLEN, 1816)
Flöhe	*Ceratophyllus gallinae* (SCHRANK, 1803)
	Ceratophyllus garei ROTHSCHILD, 1902
	Ceratophyllus pullatus JORDAN & ROTHSCHILD, 1920
	Dasypsyllus gallinulae (DALE, 1878).

Auch der Mensch trat — und tritt teilweise in südeuropäischen Ländern und in Nordafrika noch heute — dem Rotkehlchen feindlich gegenüber. So schreibt GODARD (1916), daß im Distrikt von Levar und Toulon in einer Saison etwa 20 000 Rotkehlchen für Speisezwecke getötet wurden. WATERTON (in LACK 1965) sah auf dem Vogelmarkt in Rom an einem Verkaufsstand mehr als 50 Rotkehlchen liegen. Bis zu Beginn des 19. Jh. ist das Rotkehlchen auch im mittleren und nördlichen Europa als Delikatesse und teilweise als gesundheitlich besonders förderliche Nahrung geschätzt worden. 1693 preist WILLIAM SALMON in einem medizinischen Buch das Rotkehlchen als gute Nahrung und Medizin, dessen Fleisch die gleiche günstige Wirkung ausübe wie das der Heckenbraunelle. Er nennt dafür spezielle Zubereitungsrezepte.

Weniger bekannt, aber um so merkwürdiger ist, daß in England noch im 19. Jh. bisweilen Rotkehlchen getötet wurden, um die Federn zum Schmuck für Damenkleider oder auch zur Verzierung von Weihnachtskarten zu verwenden.

Rotkehlchen werden mit zunehmendem Verkehr mehr und mehr Opfer der Straße. So waren auf einem untersuchten Straßenabschnitt in Deutschland von 625 überfahrenden Vögeln 4 % Rotkehlchen. In Südfrankreich, wo es im Herbst und Winter die meisten Rotkehlchen im Weltmaßstab gibt, sind diese Vögel sogar die häufigsten Verkehrsopfer überhaupt.

Von ernsthaften Krankheiten oder Epidemien ist beim Rotkehlchen nichts bekannt geworden. Durch sein Einzelgängertum ist es weniger gefährdet als gesellig lebende Vögel.

20 Rotkehlchenbestände und ihre Schwankungen in verschiedenen Ländern

Das Rotkehlchen ist eines der häufigsten Brutvögel in den Wäldern West-, Mittel- und Nordeuropas. Die Schwankungen im Bestand sind in manchen Jahren beträchtlich und am häufigsten auf harte Winter zurückzuführen. So verringerte sich z. B. in Schweden die Zahl der Brutpaare von einem Jahr auf das folgende bei 17 von 37 Probeflächen um 17 % (SVENSSON 1974 in GLUTZ VON BLOTZHEIM 1988). Die Verluste werden jedoch relativ schnell wieder ausgeglichen, so daß z. Z. eine allgemeine Abnahme der Bestände dieser Art nicht erkennbar ist. Sogar auf Flächen, die stärker oder schwächer vom Ulmensterben befallen waren, konnten keine signifikanten Bestandsunterschiede festgestellt werden. Auch hielt sich die Anzahl der zur Beringung eingefangenen Rotkehlchen in den Stationen der alten Bundesländer der BRD und in Österreich von 1974 bis 1983 etwa auf gleicher Höhe.

In Frankreich schätzte YEATMAN (1976 in CRAMP 1988) über 1 Million Brutpaare, was wahrscheinlich zu vorsichtig angesetzt ist und als Untergrenze betrachtet werden muß. In den alten Bundesländern der BRD ergaben zwei verschiedene Hochrechnungen Bestände von 1,9 und 5,5 Millionen Paare (RHEINWALD 1982 in CRAMP 1988). LIPPENS & WILLE (1972 in CRAMP 1988) veranschlagten für Belgien ca. 260 000 Brutpaare und TEIXEIRA zwischen 1970 und 1978 (1979 in CRAMP 1988) für die Niederlande einen ziemlich stabilen Bestand von 120 000 bis 170 000 Paaren. Für Luxemburg wurden in den 1960er Jahren etwa 25 000 Paare angegeben (WASSENICH in GLUTZ VON BLOTZHEIM 1988). Die Bestandszahlen in Dänemark schwanken, so daß Angaben fehlen, jedoch scheinen die Populationen z. Z. etwas abzunehmen. In Finnland ist dagegen in den jüngsten Jahrzehnten ein zunehmender Bestand zu verzeichnen, hier wurden von MERIKALLIO (1958 in CRAMP 1988) 410 000 angesetzt, die sich bis 1975 auf 1,6 Millionen erhöht haben könnten. Schweden besitzt mindestens 5 Millionen Brutpaare (ULFSTRAND & HÖGSTEDT 1976 in CRAMP 1988). Für die Britischen Inseln gibt SHARROCK (1976 in CRAMP 1988) ebenfalls 5 Millionen Paare an. Geringe Bestände werden für die Türkei gemeldet.

21 Alter, Mortalität und Lebenserwartung

Ringfunde bewiesen, daß Rotkehlchen in freier Natur über 11 Jahre alt werden können; so beobachtete BURKITT im Juli 1938 ein Exemplar, das er im Dezember 1927 in England beringt hatte. Auch Wiederfunde auf dem europäischen Festland bestätigten ein Alter von 9 bis 10 Jahren. Dies scheint der maximalen Altersgrenze nahe zu kommen.

Die durchschnittliche Lebenserwartung hingegen, die sich aus der Sterblichkeit ergibt, ist bedeutend niedriger. LACK (1965) stellte durch Felduntersuchungen in England (jährliche Verlustquoten) eine Sterblichkeit von 62 % fest. Daraus errechnet sich eine mittlere Lebenserwartung von

$$L = \frac{100}{62} - 0{,}5 = 1{,}12 \text{ Jahre}.$$

Die andere Methode, das durchschnittliche Lebensalter des Rotkehlchens durch Registrieren von tot aufgefundenen Vögeln (hier 450), deren Alter infolge Nestberingung bekannt war, zu ermitteln, ergab eine Lebenserwartung von 1,25 Jahren, also eine gute Übereinstimmung. Die Sterblichkeit liegt hier bei 57 %.

Die Nachwuchsraten, die durch längere Untersuchungsreihen statistisch gesichert sind, gleichen die Verluste aus und bestätigen somit diese Werte: Um den Bestand zu erhalten, muß ein Rotkehlchenpaar in den 1,25 Jahren wieder 2 fortpflanzungsfähige Nachkommen haben, im Jahr also

$$\frac{200}{1{,}25} = 1{,}6 \text{ Junge}.$$

Bei 10 gelegten Eiern je Jahr und einem durchschnittlichen Schlupfergebnis von 71 % schlüpfen 7,1 Jungvögel, von denen 77 % (also 5,5) das Nest verlassen. Davon brüten im folgenden Jahr etwa 30 % = 1,6 Vögel.

In Finnland wird insgesamt eine jährliche Mortalität von 76 % angegeben (HAUKIOJA 1969 in CRAMP 1988); in Europa liegt sie bei 1 bis 2 Jahre alten Vögeln durchschnittlich zwischen 58 und 62 % (PEAVSKI 1977 in CRAMP 1988).

Die Mortalitäts- und Nachwuchsraten korrelieren in den jeweiligen geographischen Breiten der Siedlungsareale.

Die Zahl der Herzschläge beträgt beim Rotschwanz (*Phoenicurus phoenicurus*) etwa 980 je Minute. Angenommen, daß das nah verwandte Rotkehlchen mit ähnlichen Werten aufwartet, dann schlägt ein Rotkehlchenherz 14mal so schnell wie das eines Menschen. Die Anzahl der gesamten Herzschläge eines 11 Jahre alten Rotkehlchens käme dann der eines 150jährigen Menschen gleich.

22 Literaturverzeichnis

ADRIANSEN, F. (1987): The timing of rooke migration in Belgium as shown by ringing recoveries. – Ringing Migr. 8: 43 - 55.

ADRIANSEN, F. & A. DHONDT (1984): Dynamics of a robin population outside the breeding season. – Bird Study 31: 69 - 75.

AMANN, G. (1954): Bäume und Sträucher des Waldes. – Melsungen.

BÄHRMANN, U. (1970): Vergleichende osteologische Untersuchungen. – Zool. Abh. Mus. Tierk. Dresden 31 (3): 11 - 38.

BERG, B. (1925): Mein Freund der Regenpfeifer. – Berlin.

BERG, L. S. (1959): Die geographischen Zonen der Sowjetunion. Bd. 1 u. 2. – Leipzig.

BERNDT, R. (1948): Zwölf Jahre Kontrolle des Höhlenbrüterbestandes. – Beitr. Vogelk. 1: 1 - 20.

BERNDT, R. & W. MEISE (1959): Naturgeschichte der Vögel. Bd. 1. – Stuttgart.

BERTHOLD, P. (1969): Über Populationsunterschiede des Gonadenzyklus europäischer *Sturnus vulgaris*, *Fringilla coelebs*, *Erithacus rubecula* und *Phylloscopus collybita* und deren Ursachen. – Zool. Jb., Jena (4): 491 - 557.

BERTHOLD, P. et al. (1991): Wegzug, Rastverhalten, Biometrie und Mauser von Kleinvögeln in Mitteleuropa. – Vogelwarte 36, Sonderheft: 72 - 76.

BIEBACH, H. (1983): Genetic determination of partial migration in the European robin. – Auk 100: 601 - 606.

BIRK, J. (1930): Plaudereien eines Vogelliebhabers. – Gef. Welt 59 (38): 447 - 448.

BLUME, D. (1973): Ausdrucksformen unserer Vögel. – N. Brehm-Büch. Bd. 342, Ziemsen, Wittenberg Lutherstadt.

BORRMANN, K. (1974): Bachstelze bekämpft ihr Spiegelbild. – Falke 2: 67.

BOXBERGER, L. v. (1926): Brutgemeinschaft von *Erithacus rubecula*. – Beitr. Fortpfl. Vögel 2: 105.

BREHM, A. E. (1872): Gefangene Vögel. Erster Teil. – Leipzig u. Heidelberg.

BREHM, A. E. (o. J.): Brehms Tierleben. Bd. 15. Bearb. A. MEYER. – Wien, Hamburg u. Budapest.

BREHM, A. E. (1925): Brehms Tierleben. Die Vögel. 9. Bd., neu bearbeitet von W. MARSHALL. – Leipzig.

BREMOND, J. C. (1968): Recherches sur la sémantique et les éléments vecteurs d'informations dans signaux acoustiques du rouge-gorge (*Erithacus rubecula*). – Terre Vie 114 (2): 109 - 220.

BRUDERER. B., B. JACQUAT & U. BRÜCKNER (1972): Zur Bestimmung von Flügelschlagfrequenzen tag- und nachtziehender Vogelarten mit Radar. – Orn. Beob. Bern 69: 189 - 206.

BUB, H. (1967 - 1969): Vogelfang und Vogelberingung. T. 1 - 4. – N. Brehm-Büch. Bd. 359, 377, 389 und 409, Ziemsen, Wittenberg Lutherstadt.

BURKITT, J. P. (1924): A study of the robin by means of marked birds. – Brit. Birds 17: 294 - 303, 18: 97 - 103, 19: 120 - 129.

BURMEISTER, G. & P. KRÄGENOW (1977): Rotkehlchen – *Erithacus rubecula* (L., 1758). In: G. KLAFS & J. STÜBS, Die Vogelwelt Mecklenburgs. Avifauna der DDR. Bd. 1. – Jena.

BURMEISTER, G. & P. KRÄGENOW (1979): Die Vogelwelt Mecklenburgs. Avifauna der DDR. Bd. 1., 2. Aufl. – Jena.

COMTESSE, H. (1993): Zur Rolle der Lautäußerungen im Paarungsverhalten des Rotkehlchens (*Erithacus rubecula*) – eine Laboruntersuchung. – Dissertation zum »Doktor der Naturwissenschaften«, Fachbereich Biologie, Kaiserslautern.

CONRADS, K. (1988): Dialektartige Besonderheiten im Gesang des Rotkehlchens im Bayrischen Wald. – Anz. orn. Ges. Bayern 27: 67 - 75.

CRAMP, S. (1988): Handbook of the Birds of Europe, the Middle East and North Africa. The Birds of the Western Palearctic. Vol. V. Tyrant Flycatchers to Thrushes. – Oxford, New York.

CREUTZ, G. (1957): Geheimnisse des Vogelzuges. – N. Brehm-Büch. Bd. 75, Ziemsen, Wittenberg Lutherstadt.

DAHL, F. (1925): Die Tierwelt Deutschlands und der angrenzenden Meeresteile. 1. Teil. – Jena.

DAVIS, P. (1962): Robin recaptures on Fair Isle. – Brit. Birds 55: 225 - 229.

DEBUSCHE, M. & P. ISENMANN (1985): Frugivory of transient and wintering European robins in a mediterranean region and its relationship with ornithochory. – Holarctic Ecol. 8: 157 - 163.

DEMBOWSKI, J. (1955): Tierpsychologie. – Berlin.

DEMBOWSKI, J. (1956): Die Psychologie der Affen. – Berlin.

DEMENT'EV, G. P. & N. A. GLADKOV (1954): Vögel der Sowjetunion. Bd. 5. – Moskau (russ.).

DOBRICK, L. (1934): Rotkehlchenwerbung. – Beitr. Fortpfl. Vögel 10: 125 - 127.

DOST, H. (1954): Handbuch der Vogelpflege und -züchtung. – Leipzig u. Jena.

DRÖSCHER, L. H. (1991): Vögel erkennen für Menschen unsichtbare Farben. – Sächs. Ztg. 18./19. Mai.

DRÖSCHER, L. (1992): Das Rotkehlchen – Vogel des Jahres 1992. – Naturschutz heute 1/92. Zeitschrift des Naturschutzbundes Deutschland: 26 - 32.

DROST, R. & E. SCHÜZ (1932): Vom Zug des Rotkehlchens, *Erithacus r. rubecula* (L.). – Vogelzug 3: 164 - 169.

DROST, R. & E. SCHÜZ (1935): Über das Zahlenverhältnis von Alter und Geschlecht auf dem Herbst- und Frühjahrszuge. – Vogelzug 6: 177 - 182.

DROST, R. & E. SCHÜZ (1963): Zur Frage der Bedeutung nächtlicher Zugrufe. – Vogelwarte 22 (1): 23 - 26.

EAST, M. (1981): Aspects of courtship and parental care of the European robin. – Orn. Scand. 12: 230 - 239.

FEHRINGER, O. (1931): Die Singvögel Mitteleuropas. – Heidelberg.

FELIX, J. (1977): Vögel in Wald und Gebirge. – Prag.

FENK, R. (1929): Alfred Brehm und wir Vogelliebhaber. – Gef. Welt 58 (12): 136 - 138.

FINK, R. (1925): Rotkehlchenlied. – Gef. Welt 54 (1): 1 - 3.

FISCHEL, W. (1948): Die höheren Leistungen der Wirbeltiergehirne. – Leipzig.

FISCHEL, W. (1970): Können Tiere denken? – Jena u. Berlin.

FISHER, J. (1959): Geschichte der Vögel. – Jena.

FROMME, H. G. (1961): Untersuchungen über das Orientierungsvermögen nächtlich ziehender Kleinvögel. – Z. Tierpsychol. 18: 205 - 220.

FROMME, H. G. & W. WILTSCHKO (1964): Nichtvisuelles Orientierungsvermögen bei Rotkehlchen. – Vogelwarte 22: 168 - 173.

FRANCE, R. H. (1940): Lebenswunder der Tierwelt. – Berlin.

GARCKE, A. (1895): Illustrierte Flora von Deutschland. – Berlin.

GEILER, H. & R. STEFFENS (1973): Untersuchungen zur Intensität und zum Umfang des Vogelgesanges in einem Parkbiotop als Grundlage quantitativer Singvogelbestandsaufnahmen. – Wiss. Z. T. U. Dresden 22 (5).

GERLACH, F. (1942): Die Gefiederten. – Hamburg.

GEYR V. SCHWEPPENBURG (1950): Zahmheit bei Vögeln, Syllegomena biologica. – Wittenberg Lutherstadt.

Glasewald, K. (1951): Vögel des Waldes. – Radebeul.

GLUTZ VON BLOTZHEIM, U. & K. M. BAUER (1988): Handbuch der Vögel Mitteleuropas. Bd. 11/1. Aula, Wiesbaden.

GRAFF, O. (1953): Bodenzoologische Untersuchungen etc. – Z. Pflanzenern., Düngung, Bodenkd. 61: 72 - 77.

Grimm, J. & W. Grimm (1885): Deutsches Wörterbuch.

GROEBBELS, F. (1932): Der Vogel. Bd. 1. – Berlin.

GROSS, R. (1992): Ein Rotkehlchen nimmt sich den Eisvogel als Vorbild. -- Falke 39: 6 - 10.

HAMPE, H. (1926): Von meinen aufgepäppelten Weichfressern. – Gef. Welt 55 (11): 126 - 128.

Hanzak, J. (1972): Vogeleier und Vogelnester. – Prag.

HARPER, D. G. C. (1985): How do male robins discover that their chicks have hatched? – Ibis 127: 262 - 266.

HARPER D. G. C. (1985a): Brood division in robins. – Anim. Behav. 33: 466 - 480.

HARPER D. G. C. (1985b): Pairing strategies and mate choice in female robins. – Anim. Behav. 33: 862 - 875.

HARPER D. G. C. (1985c): Interactions between adult robins and chicks belonging to other pairs. – Anim. Behav. 33: 876 - 884.

HARTERT, E. (1910): Die Vögel der paläarktischen Fauna. Bd. 1. – Berlin.

HEINROTH, O. & M. HEINROTH (1924): Die Vögel Mitteleuropas. Bd. 1. – Berlin.

HERRERA, C. M. (1977): Ecologia alimenticia del Petirrojo durante su invernada en encinares del Sur de Espana. – Doñana, Acta Vertebr. 4: 35 - 59.

HERRERA, C. M. (1977a): Ecologia alimenticia del Petirrojo (*Erithacus rubecula*) durante sur invernada en encinares del sur de España. – Doñana Acta Vert. 4: 35 - 59.

HERRERA, C. M. (1978): Individual dietary differences associated with morphological variation in robins. – Ibis 120: 542 - 545.

HERRERA, C. M. (1981): Fruit food of robins wintering in southern Spanish Mediterranean scrubland. – Bird Study 28: 115 - 122.

HERRERA, C. M. (1984b): A study of avian frugivores, bird-dispersed plants, and their interaction in Mediterranean scrublands. – Ecol. Mongr. 54: 1 - 23.

HEYDER, R. (1952): Die Vögel des Landes Sachsen. – Leipzig.

HEYDER, R. (1953): Die Amsel. – N. Brehm-Büch. Bd. 95, Ziemsen, Wittenberg Lutherstadt.

HEYDER, R. & K. JATHO (1928): Zahme Fliegenschnäpper. – Gef. Welt 32: 383.

HILPRECHT, A. (1966): Vogelwiegen im Waldtal. – Wittenberg Lutherstadt.

HOELZEL, A. R. (1986): Song characteristics and response to playback of male and female robins. – Ibis 128: 115 - 127.

HOFFMANN, B. (1908): Kunst und Vogelgesang. – Leipzig.

HOLLITSCHER, W. (1969): Der Mensch im Weltbild der Wissenschaft.

HOWARD, R. & A. MOORE (1984): Birds of the World. – Oxford u. London.

HUDEC, K. (1983): Fauna CSSR, Ptáci 3/I. – Prag.

JEROMNIMON, V. (1977): Beobachtungen über die Wirkung von Hormonen auf das Zugverhalten bei Rotkehlchen I. – Vogelwarte 29: 126 - 134.

JEROMNIMON, V. (1978): Beobachtungen über die Wirkung von Hormonen auf das Zugverhalten bei Rotkehlchen II. – Vogelwarte 29: 221 - 230.

KAESTNER, A. (1954): Lehrbuch der speziellen Zoologie. – Jena.

KATZ, Y. B. (1985): Orientation behavior of the European Robin. – Animal. Behav. 33: 825 - 828.

KEITH, S. et al. (1992): The Birds of Africa. Vol. IV. – London et al.

KIPP, F. A. (1959): Der Handflügelindex als flugbiologisches Maß. – Vogelwarte 20: 77 - 86.

KRAMER, G. (1953): Die Sonnenorientierung der Vögel. – Verh. Dtsch. Zool. Ges. Freiburg: 72 - 84.

KUIPER, H. N. (1960): Tests concerning random points on a circle. – Proc. Kon. Neder. Ak. Wet. Series A, 63: 38 - 47.

LACK, D. (1940): The behaviour of the robin. Population changes over years. – Ibis 80: 299 - 324.

LACK, D. (1946): The taxonomy of the robin. – Bull. Brit. Orn. Cl. 66: 55 - 65.

LACK, D. (1947): A further note on the taxonomy of the robin. – Bull. Brit. Orn. Cl. 67: 51 - 54.

LACK, D. (1948a): Further notes on clutch and brood size in the robin. – Brit. Birds 41: 98 - 104.

LACK, D. (1965): The live of the robin. 4. Aufl. – London.

LEE, S. L. (1963): Migration in the Outer Hebrides studied by radar. – Ibis 105: 463 - 515.

LEES, J. (1949): Weights of robins. Part I: Nestlings, part II: Juveniles and adults. – Ibis 91: 79 - 88 u. 287 - 299.

LEIN, M. R. (1972): Territorial and Courtship Songs of Birds (Revier- und Balzgesänge von Vögeln). Rezension von MÜLLER, A. E. J. 1974. – Falke 3: 104.

LINSENMAIR, M. (1964): Die lustige Vogelstube. – Hannover.

LÖHRL, H. (1974): Die Tannenmeise. – N. Brehm-Büch. Bd. 472, Ziemsen, Wittenberg Lutherstadt.

LOFTS, B., A. J. MARSHALL & A. WOLFSON (1963): The experimental demonstration of premigration activity in the absence of fat deposition in birds. – Ibis 105: 99 - 105.

LORENZ, K. (1935): Der Kumpan in der Umwelt des Vogels. – J. Orn. 83: 137 - 213, 289 - 413.

LORENZ, K. (1966): Über tierisches und menschliches Verhalten. Bd. 1, 2.

LORENZ, K. (1970): Vom Weltbild des Verhaltensforschers. – München.

LUCANUS, F. v. (1937): Deutschlands Vogelwelt. – Berlin.

MAKATSCH, W. (1950): Unser Kuckuck. – N. Brehm-Büch. Bd. 2, Ziemsen, Wittenberg Lutherstadt.

MAKATSCH, W. (1959): Der Vogel und sein Ei. – N. Brehm-Büch. Bd. 3, Ziemsen, Wittenberg Lutherstadt.

MAKATSCH, W. (1959): Die Vögel in Wald und Heide. – Radebeul.

MAKATSCH, W. (1966): Wir bestimmen die Vögel Europas. – Radebeul.

MAKATSCH, W. (1967): Kein Ei gleicht dem anderen. – Radebeul.

MAKATSCH, W. (1976): Die Eier der Vögel Europas. Bd. 2. – Radebeul.

MARLER, P. & W. H. HAMILTON (1972): Tierisches Verhalten. – Berlin.

MARSHALL, A. J. (1949): Weather factors and spermatogenesis in birds. – Proc. Zool. Soc. London A 119: 711 - 716.

MAUERSBERGER, G. (1972): Urania Tierreich Vögel. – Leipzig, Jena u. Berlin.

MERKEL, F. W. & H. G. FROMME (1958): Untersuchungen über das Orientierungsvermögen nächtlich ziehender Rotkehlchen. – Naturwiss. 45: 499 - 500.

MERKEL, F. W. & H. G. FROMME (1961): Eiablage bei gekäfigten Rotkehlchen. – Vogelwarte 21: 156 - 160.

MERKEL, F. W. & W. WILTSCHKO (1965): Magnetismus und Richtungsfinden zugunruhiger Rotkehlchen. – Vogelwarte 23: 71 - 77.

MÖLLER, H. R. (1958): Glaswolle als Nistmaterial in den Nestern von Blaumeise und Gartenbaumläufer. – Orn. Mitt. 10: 115.

MÜLLER, A. E. J. (1974): Rezension über M. R. LEIN, 1972: Territorial and Courtship Songs of Birds (Revier- und Balzgesänge von Vögeln). – Falke 3: 104.

NABU (1995): Rotkehlchen brauchen dichte Hecken. – Falke 42: 98.

NAUMANN, J. A. (1789): Der Vogelsteller oder die Kunst allerley Arten von Vögeln sowohl ohne als auch auf dem Vogelheerd bequem und in Menge zu fangen. – Leipzig (Reprint).

NAUMANN, J. F. (1905; Hrsg. C. R. HENNICKE): Naturgeschichte der Vögel Mitteleuropas. Bd. 1. – Gera.

NEUNZIG, K. (1929): Redaktionsbriefkasten. – Gef. Welt 58: 24.

NIETHAMMER, G. (1937): Handbuch der Deutschen Vogelkunde. Bd. 1 – Passeres. – Leipzig.

NISBET, J. S. T. (1963): Weight-loss during migration. Part 2: Review of other estimates. – Brit. Birds 34: 139 - 159.

PÄTZOLD, R. (1972): Aus Moritzburgs Vogelwelt. – Sächs. Heimatbl. 21: 91 - 97.

PÄTZOLD, R. (1975): Die Feldlerche. 2. Aufl. – N. Brehm-Büch. Bd. 323, Ziemsen, Wittenberg Lutherstadt.

PALMGREN, P. (1932): Ein Vergleich zur Registrierung der Intensitätsvariante des Vogelgesanges im Laufe des Tages. – Ornis Fennica 9: 68 - 74.

Literaturverzeichnis

PALMGREN, P. (1937): Auslösung der Frühlingsunruhe durch Wärme bei gekäfigten Rotkehlchen, *Erithacus rubecula* (L.). – Ornis Fennica 14: 71 - 73.

PANOW, E. N. (1974): Die Steinschmätzer. – N. Brehm-Büch. Bd. 482, Ziemsen, Wittenberg Lutherstadt.

PEIPONEN, V. A. (1963): Experimentelle Untersuchungen über das Farbensehen beim Blaukehlchen und Rotkehlchen. – Ann. Zool. Soc. Zool. Bot. Fenn.»Vanamo« 24 (8): 1 - 49.

PETERS, J. L. (1931 - 1964 ff.): Check-List of Birds of the World. Bandbearb. von D. RIPLEY. – Cambridge.

PETERSON, R., G. MOUNTFORT & P. A. D. HOLLOM (1961): Die Vögel Europas. – Hamburg u. Berlin.

PERDECK, A. C. (1963): Does navigation without visual clues exist in robins? – Ardea 51: 91 - 109.

PLOCH, L. (1942): Beobachtungen über Brutdauer und Brutverlauf beim Rotkehlchen (*Erithacus rubecula*). – Beitr. Fortpfl. Vögel 18: 155 - 157.

PUTZIG, P. (1938): Beobachtungen über Zugunruhe beim Rotkehlchen (*Erithacus rubecula*). – Vogelwelt 9: 10 - 14.

RABOL, J. (1981): The orientation of robins after displacement from Denmark to Canary Islands, autumn 1978. – Orn. Scand. 12: 89 - 98.

RAMMNER, W. (1954): Die Tierwelt der deutschen Landschaft. – Leipzig.

REICHENOW, A. (1914): Die Vögel. Handbuch der systematischen Ornithologie. Bd. 2. – Stuttgart.

REININGER, A. (1930): Ein seltenes Naturereignis! – Gef. Welt Jg. 59, S. 526/527.

ROGGE, D. (1966): Ein Beitrag zur Mauser des Rotkehlchens – Beitr. Vogelk. 12: 162 - 188.

ROOKE, K. B. (1947): Notes on robins wintering in North Algeria. – Ibis 89: 204 - 210.

ROTHMALER, W. (1950): Allgemeine Taxonomie und Chorologie der Pflanzen. – Jena.

RUGE, K. (1992): Wenn das Rotkehlchen den Rotstiefel anmacht. – Naturschutz heute 1/92. Zeitschrift des Naturschutzbundes Deutschland: 32.

RUSCHKE, G. (1963): Freilandbeobachtungen an Zaunkönig und Rotkehlchen im Stettbacher Tal bei Jugenheim im Naturpark Bergstraße-Odenwald. – Schr. R. Inst. Naturschutz Darmstadt 7: 1 - 82.

RUß, K. (1887): Die Vögel der Heimat. – Wien, Prag u. Leipzig.

SAEMANN, D. (1981): Rastphänologie und Altersstruktur des Rotkehlchens im Erzgebirge nach Registrierfangergebnissen. – Ber. Vogelwarte Hiddensee 1: 98 - 108.

SCHAEFER, H. (1974): Eine Fauna der Hohen Tatra aus dem 18. Jahrhundert. – Bonn. zool. Beitr. 25: 231 - 282.

SCHÄLOW, E. & V. WENDLAND (1960): Sang da nicht die Nachtigall? – Melsungen.

SCHILDMACHER, H. (1938): Die Physiologie des Zugtriebes 4, weitere Versuche mit künstlich veränderter Belichtungszeit. – Vogelzug 9: 146 - 152.

SCHILDMACHER, H. (1965): Wir beobachten Vögel. Eine Übersetzung aus dem Dänischen. – Jena.

SCHIERMANN, G. (1930): Studien über Siedlungsdichte im Brutgebiet. – J. Orn. 78: 137 - 180.

SCHIFFERLI, L. (1977): Bruchstücke von Schneckenhäusern als Calciumquelle für die Bildung der Eischale beim Haussperling. – Orn. Beob. Bern 74: 71 - 74.

SCHÖNWETTER, M. (1971 u. 1972): Handbuch der Oologie. Lfg. 19 u. 20. – Berlin.

SCHMIDT, E. (1970): Das Blaukehlchen. – N. Brehm-Büch. Bd. 426, Ziemsen, Wittenberg Lutherstadt.

SCHONER, E. (1956): Junge Tiere aus Wald und Flur. – Leipzig u. Jena.

SCHÜZ, E. (1971): Grundriß der Vogelzugskunde. – Hamburg u. Berlin.

SCHUHMANN, H. J. (1974): Überlastungsnekrosen der Herz- und Skelettmuskulatur bei kleinen Zugvögeln. – Beitr. Vogelk. 20: 301 - 309.

SCHUSTER, L. (1930): Über die Beerennahrung der Vögel. – J. Orn. 78: 273 - 301.

SIEFKE, A. (1974): Aufgaben und Stand des Beringungswesens in der DDR. – Falke 10: 342 - 347.

SOFFEL, K. & E. SOFFEL (1922): Von den Singvögeln Europas. – Leipzig.

SPILLE, E. (1929): Kleine Mitteilungen. – Gef. Welt 58: 394.

STARIKOWITSCH, S. (1984): Hunde, Katzen und so weiter (übersetzt aus dem Russ. von B. STEIER). – Moskau.

STEGMANN, B. (1958): Die Herkunft der eurasischen Steppenvögel. – Bonn. zool. Beitr. 9: 208 - 230.

STEINBACHER, J. (1936): Zur Frage der Geschlechtsreife von Kleinvögeln. – Beitr. Fortpfl. Vögel 12: 139 - 144.

STEINFATT, O. (1937): Nestbeobachtungen beim Rotkehlchen (*Erithacus rubecula*) etc. – Verh. Orn. Ges. Bayern 21: 139 - 145.

STEMPELL, W. & A. KOCH (1923): Elemente der Tierphysiologie. – Jena.

STEPHAN, B. (1961): Beitrag zur Biologie einiger Höhlenbrüterarten aus dem Naturschutzgebiet an der Oka (Rjasan, UdSSR). – Wiss. Z. Humb. Univ. Berlin, Math.-Nat. 10: 147 - 175.

STEPHAN, B. (1975): Probleme der Systematik in der Ornithologie. – Falke 10: 336 - 339; 12: 402 - 413.

STOLT, B. E. & J. W. MASCHER (1962): Untersuchungen an rastenden Blaukehlchen (*Luscinia s. svecica*) in Uppland, Mittelschweden unter besonderer Berücksichtigung der Körpermaße und Gewichtsvariationen. – Vogelwarte 21: 319 - 326.

STRESEMANN, E. (1927 - 1934): Handbuch der Zoologie. 7. Bd. – Berlin u. Leipzig.

STRESEMANN, E. (1957): Exkursionsfauna von Deutschland. Wirbellose I. – Berlin.

STRESEMANN, E. (1970): Exkursionsfauna von Deutschland. Wirbellose II/1. – Berlin.

SWANN, R. L. (1975): Communal roosting of robins in Aberdeenshire. – Bird Study 22: 93 - 98.

TEMBROCK, G. (1959): Tierstimmen. – N. Brehm-Büch. Bd. 250, Ziemsen, Wittenberg Lutherstadt.

TEMBROCK, G. (1971): Biokommunikation. Bd. 2. – Berlin.

TEMBROCK, G. (1972): Tierpsychologie. – N. Brehm-Büch. Bd. 455, Ziemsen, Wittenberg Lutherstadt.

TEMBROCK, G. (1973): Grundriß der Verhaltenswissenschaften. – Jena.

THIELE, A. (1929): Unbekannte Körperleistungen der Vögel. – Gef. Welt 58: 414.

THIELE, A. (1977): Grundlagen des Tierverhaltens. – Berlin.

THIELE, A. & B. URSING (1960): Faglar. – Stockholm (schwed.).

THIELE, J. (1928): Mein Rotkehlchen. – Gef. Welt 57: 305 - 307.

THORPE, W. H. (1961): Bird-Song. – Cambridge.

TINBERGEN, N. (1958): Die Welt der Silbermöwe. – Göttingen, Berlin, Frankfurt.

TISCHLER, W. (1955): Synökologie der Landtiere. – Stuttgart.

TURNER, W. (1544): Avium Praeciparum. – Köln.

UTTENDÖRFER, O. (1939): Die Ernährung der deutschen Raubvögel und Eulen und ihre Bedeutung in der heimischen Natur. – Neudamm.

UTTENDÖRFER, O. (1952): Neue Ergebnisse über die Ernährung der Greifvögel und Eulen. – Stuttgart.

VAURIE, Ch. (1959): The Birds of the Palearctic Fauna. – London.

VERHEYEN, R. (1956): Sur la provenance des Rouges-Gorges observés l'hiver en Belgique. – Gerfaut 46: 143 - 150.

VLEUGEL, D. A. (1962): Über nachtlichen Zug von Drosseln und ihre Orientierung. – Vogelwarte 21: 307 - 313.

VOIGT, A. (1917): Exkursionsbuch zum Studium der Vogelstimmen. – Leipzig.

VOOUS, K. H. (1962): Die Vogelwelt Europas und ihre Verbreitung. – Hamburg u. Berlin.

WALLRAFF, H. G. (1961): Angeborenes und Erworbenes bei der Richtungs- und Zielorientierung der Tiere. – Acta Psychologica 19: 1 - 5.

WAZURO, E. G. (1956): Die Lehre Pawlows von der höheren Nerventätigkeit. – Berlin.

WENDLAND, V. (1964): Der strenge Winter 1962/63 bei Berlin nach der Beuteliste des Waldkauzes (*Strix aluco*). – Vogelwarte 22: 158 - 161.

WICHLER, E. (1928): Aufzucht von Rotkehlchen in der Gefangenschaft. – Gef. Welt 57: 423 - 424.

Weigold, H. (1930): Der Vogelzug auf Helgoland, graphisch dargestellt. – Berlin.

WILTSCHKO, W. (1968): Über den Einfluß statischer Magnetfelder auf die Zugorientierung des Rotkehlchens. – Z. Tierpsychol. 25: 537 - 558.

WILTSCHKO, W. & R. WILTSCHKO (1972): Magnetic compass of European Robins. – Science 176: 62 - 64.

WILTSCHKO, W. (1974): Bird orientation under different sky sectors. – Z. Tierpsychol. 35: 536 - 542.

WILTSCHKO, W. (1975): The interaction of stars and magnetic field in the orientation system of night migrating birds. II. Spring experiments with European Robins. – Z. Tierpsychol. 39: 265 - 282.

WILTSCHKO, W. & R. WILTSCHKO (1976): Die Bedeutung des Magnetkompasses für die Orientierung der Vögel. – J. Orn. 117: 362 - 387.

WILTSCHKO, W. (1978): Relative importance of stars and magnetic field for the accuracy of orientation in night-migrating birds. – Oikos 30: 195 - 206.

WINKLER, R. (1972): Zum Verlauf der Schädelpneumatisation bei Singvögeln. – Orn. Beob. Bern 69: 287 - 296.

WITHERBY, H. F., F. C. R. JOURDAIN, N. F. TICEHURST & B. W. TUCKER (1940 - 1943): The handbook of British Birds. – London.

WOLTERS, H. (1975 - 1982): Die Vogelarten der Erde. – Hamburg und Berlin.

WORONIN, L. G. (1953): In der Hauptstadt der bedingten Reflexe. – Berlin.

WÜST, W. (1970): Die Brutvögel Mitteleuropas. – München.

ZUCCHI, H. (1974): Nachtgesang von Gartenrotschwanz, Hausrotschwanz, Rotkehlchen und Rauchschwalbe. – Orn. Mitt. 26: 121 - 122.

23 Register

Seitenzahl mit * beziehen sich auf Abbildungen

A

Abundanz → Siedlungsdichte
Abwehrkreischen 60
Aggressives Verhalten → Revierverteidigung
Alarmrufe 58*, 59
Alpenjohannisbeere 54
Alpenpässe 126
Alter 151
Amsel 41*, 45, 58*
Anatomie 25*, 26, 30*
Angriff → Invasionsversuche
Ankunft im Brutbiotop 122
Armschwingen 26, 27*, 28, 32, 33
Armskelett 29
Aufzucht, Verhalten bei 109, 110*, 111, 112*, 113, 114, 115
Auge → Seeschärfe
Ausdrucksformen 116 – 118

B

Bachstelze 30
Baden 46, 47*
Balz → Begattung
Bauen, Nest 90, 91, 92*, 92
Baumfalk 147
Baumpieper 30
Begattung 84, 85, 86*, 87*, 88
Beinskelett 30, 31
Beringungen 126, 127
Bestand 150
Bettellaute 60
Beugewinkel 85, 85*
Biotop 38 – 43
Blaukehlchen 17, 19, 75, 98, 111
Blaumeise 41*, 142, 144
Brombeere 54
Brust 31, 32*
Brutdauer 100
Bruterfolg 115
Brutpflegeauslösende Reaktionen 12*
Brutverhalten 100, 101*, 102
Buchfink 14, 45, 58*, 67

D

Deckfedern 32*, 33, 34
Drohen 117
Drosseln 17, 18

E

Efeu 53*, 54, 93*
Eiablage 96, 97, 100
Eicheln 36, 56, 136, 137
Eier 96 – 98, 99*, 100
Eimaße 98
Einemsen 49
Entwicklungsstadien 95*, 104 – 109, 106*
Erbeuten der Nahrung 50 – 53
Erithacini 18
Erithacus 18 – 20
Ernährung → Nahrung
Eulen 57, 58*, 124, 142, 146, 147

F

Fächenbelastung des Flügels 28
Familie 17
Faulbaum 54
Federkleid 31, 32*, 33*, 34
Federlängen 28, 29
Feinde 145 – 149
Feldlerche 30, 67, 144
Fettspeicherung 36, 120
Feuerdorn 55
Fischefangen 51, 52
Flug 45
Flügel 26, 27*, 27, 28, 29
Flügelfläche 28
Flügellänge 28, 29
Flughöhe 124, 125
Fortbewegung 44, 45
Fortpflanzung 69 – 115
Frequenzbereiche Stimmen 62
Frequenzen, Flügelschlag 45
Frequenzen, Fütterung 111
Früchtenahrung 54, 55

Fuß 30*, 30, 31
Fütterung → Aufzucht

G

Gartengrasmücke 58*
Gartenrotschwanz 98
Gattung → *Erithacus*
Gehirnindizes 144
Gelege 93*, 99, 100
Gesang 60 – 68, 61*, 62*, 63*, 66*
Geschlechtshormone 120
Gewicht 35, 36
Goldammer 57
Grasmücken 17
Greifvögel 146
Grundumsatz 37
Grünfink 37

H

Habicht 146, 147
Habitat → Biotop
Haltung → Obhut des Menschen
Handdecken → Deckfedern
Handflügelindex 28
Handschwingen 26, 27, 27*, 28, 32, 33, 33*
Handskelett 29
Hartriegel 55
Haßlaut 58
Hausrotschwanz 98
Hege im Winter 136, 137
Heidelbeere 54
Herbstgesang 65, 66*, 67
Herbstzug → Wanderzug
Herzgewicht 36
Hinterzehe 30*, 31
Hoden 120
Hodenwachstum 120
Höhenverbreitung 43
Hörgrenze 67
Hudern 109, 111, 112*, 112
Humerus 29, 30*

I

Imitation → Spottgesänge
Informationsgehalt des Gesanges 64, 65
Inklinationskompaß 130
Inkubation → Brutdauer
Instinktvögel 121
Instrumentallaute 60
Intelligenz 142 – 144
Invasionsversuche 75, 76*
Iris 24

J

Japanisches Rotkehlchen 18*
Johannisbeere 54
Jugendmauser 34
Jungvögel 35*, 113, 114, 114*

K

Kalendarische Zugdaten 121, 122
Kannibalismus 81
Klangspektrogramm → Sonagramme
Klassifikation 17 – 22
Kleiber 41*
Knicksen 116
Kohlmeise 41*, 67
Komadori 18*
Konfliktsituation 117
Kopf 24, 25, 25*, 26
Kopulation 117
Körperoberfläche 36
Körpertemperatur 37
Kotwegtragen 111
Krähen 142, 144
Kraftflug 45
Krankheiten 149
Kreuzdorn 55
Krim 43, 90, 92
Kuckuck 145, 146
Kuckucksei 145*

L

Lauf 30, 31
Lautäußerungen 57 – 68
Lebenserwartung 151
Legenot 100
Lernen 143, 144
Liguster 55
Luftkampf 76*

M

Magnetfeld 130
Maße bzw. Abmessungen 23 – 31
Mäusebussard 144
Mauser 34, 35, 35*
Merlin 147
Migrationsformen 119
Misteldrossel 58*
Mönchsgrasmücke 17, 61, 67, 68, 83, 97*
Morphologie 23 – 31
Mortalität 151
Muscicapidae 17

Register

Muster → Stopfpräparat

N

Nachtigall 67, 98, 143
Nachwuchsraten 151
Nahrung 37, 54 – 56
Nahrungserwerb 50 – 53
Nahrungsverbrauch 37
Namen 14
Nasenlöcher 24
Nest 88, 90, 91, 92 – 96, 96*
Nestbau 90, 91, 92*
Nestrufe der Jungen 59
Neststandort 88
Nutzen 56

O

Oberarmknochen 29, 30*
Oberseite 31, 32*
Obhut des Menschen 138 – 141
Ordnung 17
Orientierung 127, 130, 131
Ortstreue → Territorium
Oscines 17

P

Paarbildung 81, 82
Parasiten 148
Pfaffenhütchen 54
Pflegeansprüche 138
Pneumatisation 26
Polarisationskompaß 130
Putzen 46, 116

R

Rassen → Unterarten
Rauhfußbussard 147
Reviergrenzen 69
Reviergrößen 69 – 71
Revierverteidigung 71 – 75
Ringdrossel 43
Ringeltaube 41*
Rostkehlnachtigall 18*
Rufe 57 – 60

S

Sanddorn 55
Schädel 25*, 26
Schafstelze 75

Schattenriß 24*, 28
Schaustellen 73, 74, 74*, 77, 117
Schirmfedern 33
Schlafen 132
Schlafhaltung 116
Schleiereule 147
Schlüpfen 102, 103, 103*
Schnabel 24 – 26
Schneebeere 55
Schnickern 57
Schwanz 29, 32*
Schwanzmeise 41*
Schwarze Johannisbeere 54
Schwarzer Holunder 54
Schwarzkehlchen 58*
Schwebefähigkeit 28
Schwingenformel 27
Sehschärfe 144
Seidelbast 54
Sexualverhalten 84 – 87
Siedlungsdichte 69 – 71
Signale zur Revierverteidigung 80
Singjagd 73*, 75
Sonagramme 61*, 62*, 86*
Sonnenbaden 48*, 49
Sperber 146, 147
Sperlingskauz 147
Spindelstrauch 55
Spottgesänge 67, 68
Sprosser 23
Star 45, 67
Staubbad 49
Steineiche 55
Steinlorbeer 55
Steinmispel 55
Steuerfedern 29, 32*
Stieglitz 37
Stimme → Rufe
Stimmfühlungslaut 59
Stoffwechsel 37
Stopfpräparate 76, 77, 77*, 78 – 80
Störungsruf 57
Subtrochantergrube 30*
Sumpfmeise 41*
Sympathie 142 – 144
Systematik 17 – 20

T

Tannenmeise 41*
Taxonomie → Klassifikation
Teichrohrsänger 144

Temperatur 63, 64
Territorium 69 – 81
Tixen 57
Totfunde 146
Traubenkirsche 54
Tribus 18
Tricepsgrube 30*
Turdidae 18
Turdinae 17
Turdoidea 18

Zaunkönig 41*
Zug → Wanderzug
Zug- oder Standvogel? 119
Zugruf 60
Zugunruhe 120
Zwergfliegenschnäpper 31, 97

U
Überwinterung 119
Überwinterungsgebiete 123 – 124
Uhu 146
Unterarten 20 – 22
Unterflügeldecken 33
Unterseite 31
UV-Bereich, Sehen im 53

V
Verbreitung 15, 15*, 16
Verhalten auf dem Zug 124 – 126
Verkehr, Straßen- 149
Verleiten 102, 113
Verluste 115, 145 – 149
Vertrautheit 133 – 135
Verwandtschaft 17, 18
Vogelbeere 54
Vulgärnamen → Namen

W
Wacholder 55
Waldbaumläufer 41*
Walderdbeere 54
Wanderfalk 147
Wanderzug 119 – 131
Warnrufe, Luftfeind 59, 60
Weinbeere 55
Wettervogel 121
Wiederfunde 122*, 127
Wiesel 145, 147
Wildkatze 146
Winterfütterung 136, 137
Wintergoldhähnchen 41*
Winterreviere 69, 70

Z
Zähmung 133 – 135, 133*
Zaungrasmücke 45

Weitere Bücher von Rudolf Pätzold in der Neuen Brehm-Bücherei:

Die Lerchen der Welt

Rudolf Pätzold

Die Lerchen der Welt
Alaudidae
233 Seiten, 208 S/W- und 5 Farbabbildungen
1994, Bd. 617, 46,– DM
ISBN 3 89432 422 8

Dem Band kommt weltweite Priorität zu, da er erstmalig alle Lerchen unseres Planeten vorstellt und in Aussehen und Lebensweise beschreibt. Ein allgemeiner Teil beinhaltet Überlegungen zur Evolution sowie Charakteristika, Merkmale und Eigenschaften der Alaudiden. Ein Spezieller Teil stellt jede Art mit Habitus, biometrischen Daten, Merkmalen der Geschlechter am Boden und im Flug, Verbreitungskarte und Biotopbeschreibung, sowie mit Angaben zur Fortpflanzung, Stimme, Verhalten, Nahrung, Status und Unterarten vor. Ein längst überfälliges Nachschlagewerk!

Rudolf Pätzold
Die Feldlerche
Alauda arvensis
144 S., 3. Aufl. 1983, Bd. 323, 34,- DM
ISBN 3 89432 355 8

Rudolf Pätzold
Die Ohrenlerche
Eremophila alpestris
144 S., 1. Aufl. 1987, Bd. 586, 34,– DM
ISBN 3 89432 357 4

Rudolf Pätzold
Heidelerche und Haubenlerche
Lululla arborea, Galerida cristata
183 S., 2. Aufl. 1986, Bd. 440, 39,90 DM
ISBN 3 89432 356 6

Rudolf Pätzold
Der Wasserpieper
Anthus spinoletta
108 S., 1. Aufl. 1984, Bd. 565, 29,90 DM
ISBN 3 89432 362 0

Bestellungen über jede Buchhandlung oder bei
Spektrum Akademischer Verlag, Vangerowstraße 20, 69115 Heidelberg

Die Neue Brehm-Bücherei

- Die aktuellen Erkenntnisse der Wissenschaft!
- Von führenden Experten geschrieben!
- Unentbehrlich für alle Fachleute und Naturfreunde!

Udo Bärmann:
Die Elster Neu '96
Reprint 1995 der Auflage '68
Bd. 393, 72 S., DM 29,90
ISBN 3 89432 208 X

Wolfgang Baumgart:
Der Sakerfalke
3. Auflage 1991
Bd. 514, 156 S., DM 39,90
ISBN 3 89432 377 9

H. H. Bergmann et al.:
Das Haselhuhn Neu '96
4. überarb. Aufl. 1996
Bd. 77, ca. 200 S., DM 44,–
ISBN 3 894324996

Hans Blümel: Neu '95
Die Rohrammer
Reprint 1995 der Auflage '82
Bd. 544, 72 S., DM 29,90
ISBN 3 89432 370 1

H. Blümel, R. Krause:
Die Schellente
1. Auflage 1990
Bd. 605, 108 S., DM 34,–
ISBN 3 89432 395 7

Dieter Blume: Neu '96
Schwarz-, Grau- und Grünspecht
5. überarb. Auflage 1996
Bd. 300, ca.140 S., DM 39,90
ISBN 3 89432 497 X

Alfred W. Boback: Neu '95
Unsere Wildenten
Reprint 1995 der Auflage '70
Bd. 131, 115 S., DM 34,–
ISBN 3 89432 184 9

Hans Bub Neu '95
Kennz. und Mauser 1
Reprint 1995 der Auflage '82
Bd. 540, 122 S., DM 34,–
ISBN 3 89432 334 5

Hans Bub Neu '95
Kennz. und Mauser 2
Reprint 1995 der Auflage '81
Bd. 545, 172 S., DM 39,90
ISBN 3 89432 231 4

Hans Bub Neu '95
Kennz. und Mauser 3
Reprint 1995 der 1. Aufl. '83
Bd. 550, 200 S., DM 44,–
ISBN 3 89432 335 3

Hans Bub Neu '95
Kennz. und Mauser 4
Reprint 1995 der 1. Aufl. '88
Bd. 580, 221 S., DM 44,–
ISBN 3 89432 336 1

Hans Bub Neu '95
Kennz. und Mauser, Allgemeiner Teil
Reprint 1995 der 1. Aufl. '85
Bd. 570, 212 S., DM 44,–
ISBN 3 89432 333 7

Hans Bub Neu '95
Vogelfang und Vogelberingung zur Brutzeit
Reprint 1995 der Auflage '76
Bd. 470, 112 S., DM 44,–
ISBN 3 89432 234 9

Hans Bub Neu '95
Vogelfang und Vogelberingung 1
Reprint 1995 der 5. Aufl. '85
Bd. 359, 169 S., DM 39,90
ISBN 3 89432 338 8

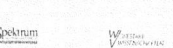

Hans Bub Neu '95
Vogelfang und Vogelberingung 2
Reprint 1995 der Auflage '84
Bd. 377, 184 S., DM 39,90
ISBN 3 89432 232 2

Hans Bub Neu '95
Vogelfang und Vogelberingung 3
Reprint 1995 der 4. Aufl. '86
Bd. 389, 240 S., DM 39,90
ISBN 3 89432 339 6

Hans Bub Neu '95
Vogelfang und Vogelberingung 4
Reprint 1995 der Auflage '70
Bd. 409, 207 S., DM 39,90
ISBN 3 89432 233 0

Hans Bub, Hans Oelke:
Markierungsmethoden für Vögel
2. Auflage 1985
Bd. 535, 152 S., DM 39,90
ISBN 3 89432 337 X

Gerhard Creutz
Der Graureiher
2. Auflage 1983
Bd. 530, 192 S., DM 44,–
ISBN 3 89432 341 8

Gerhard Creutz:
Der Weißstorch
2. Auflage 1988
Bd. 375, 236 S., DM 46,–
ISBN 3 89432 342 6

Gerhard Creutz: Neu '96
Die Wasseramsel
Reprint 1995 der Auflage '86
Bd. 364, 144 S., DM 39,90
ISBN 3 89432 204 7

Manfred Dallmann: Neu '95
Der Zaunkönig
Reprint 1995 der 1. Aufl. '87
Bd. 577, 95 S., DM 34,–
ISBN 3 89432 230 6

H. und W. Dittberner
Die Schafstelze
1. Auflage 1983
Bd. 559, 188 S., DM 39,90
ISBN 3 89432 358 2

Rolf Dwenger: Neu '95
Die Dohle
Reprint 1995 der 1. Aufl. '88
Bd. 588, 148 S., DM 39,90
ISBN 3 89432 372 8

Rolf Dwenger:
Das Rebhuhn
2. Auflage 1991
Bd. 447, 144 S., DM 39,90
ISBN 3 89432 373 6

Helmut Engler:
Die Teichralle
2. Auflage 1983
Bd. 536, 231 S., DM 44,–
ISBN 3 89432 347 7

Klaus-Dieter Feige: Neu '95
Der Pirol
Reprint 1995 der Auflage '86
Bd. 578, 216 S., DM 44,–
ISBN 3 89432 247 0

Wolfgang Fischer:
Die Habichte Neu '95
Reprint 1995 der Auflage '83
Bd. 158, 188 S., DM 44,–
ISBN 3 89432 187 3

Wolfgang Fischer:
Die Seeadler Neu '95
Reprint 1995 der Auflage '82
Bd. 221, 192 S., DM 44,–
ISBN 3 89432 194 6

Wolfgang Fischer: Neu '96
Stein-, Kaffern- und Keilschwanzadler
Reprint 1995 der Auflage 79'
Bd. 500, 220 S., DM 44,–
ISBN 3 89432 223 3

Dietrich Fiuczynski: Neu '96
Der Baumfalke
Reprint 1995 der 1. Aufl. '88
Bd. 575, 208 S., DM 44,–
ISBN 3 89432 229 2

Otto von Frisch: Neu '96
Der Große Brachvogel
Reprint 1995 der Auflage '64
Bd. 335, 64 S., DM 19,90
ISBN 3 89432 487 2

Heinz Hasse: Neu '95
Die Goldammer
Reprint 1995 der Auflage '63
Bd. 316, 90 S., DM 34,–
ISBN 3 89432 201 2

F. Haverschmidt: Neu '96
Die Trauerseeschwalbe
Reprint 1995 der Auflage '78
Bd. 508, 74 S., DM 39,90
ISBN 3 89132 224 1

Alfred Hilprecht: Neu '95
Höcker-, Sing- und Zwergschwan
Reprint 1995 der Auflage '70
Bd. 177, 184 S., DM 44,–
ISBN 3 89432 188 1

Alfred Hilprecht: Neu '95
Nachtigall und Sprosser
Reprint 1995 der Auflage '65
Bd. 143, 96 S., DM 34,–
ISBN 3 89432 185 7

Hermann Hötker:
Der Wiesenpieper
1. Auflage 1990
Bd. 595, 156 S., DM 34,–
ISBN 3 89432 360 4

K. Hudec, J. Rooth: Neu '96
Die Graugans
Reprint 1995 der Auflage '70
Bd. 429, 148 S., DM 39,90
ISBN 3 89432 214 4

György Kapocsy: Neu '96
Weißflügel- und Weißbartseeschwalbe
Reprint 1995 der Auflage '79
Bd. 516, 158 S., DM 39,90
ISBN 3 89432 225 X

András Keve: Neu '96
Der Eichelhäher
Reprint 1995 der Auflage '85
Bd. 410, 119 S., DM 34,–
ISBN 3 89432 211 X

Siegfried Klaus et al.:
Die Auerhühner
2. Auflage 1989
Bd. 86, 280 S., DM 46,–
ISBN 3 89432 345 0

Siegfried Klaus et. al.:
Die Birkhühner
1. Auflage 1990
Bd. 397, 288 S., DM 46,–
ISBN 3 89432 397 3

Siegfried Krüger:
Der Brachpieper
1. Auflage 1989
Bd. 598, 128 S., DM 34,–
ISBN 3 89432 361 2

Siegfried Krüger: Neu '95
Der Kernbeißer
Reprint 1995 der Aufl. 1982
Bd. 525, 164 S., DM 34,–
ISBN 3 89432 371 X

Hans Löhrl:
Die Haubenmeise
1. Auflage 1991
Bd. 609, 120 S., DM 34,–
ISBN 3 89432 375 2

W. Lübcke, R. Furrer:
Die Wacholderdrossel
1. Auflage 1985
Bd. 569, 198 S., DM 44,–
ISBN 3 89432 363 9

Dieter Luther: Neu '96
Ausgestorbene Vögel der Welt
Reprint 1995 der Auflage '86
Bd. 424, 203 S., DM 44,–
ISBN 3 89432 213 6

Robert März: Neu '95
Der Rauhfußkauz
Reprint 1995 der Aufl. '68
Bd. 394, 48 S., DM 19,90
ISBN 3 89432 472 4

Horst Marks:
Kropftauben
2. Auflage 1986
Bd. 568, 192 S., DM 39,90
ISBN 3 89432 351 5

Horst Marks:
Kurzschnäblige Tümmler
1. Auflage 1989
Bd. 594, 174 S., DM 39,90
ISBN 3 89432 352 3

Manfred Melde: Neu '95
Der Waldkauz
Reprint 1995 der 1. Aufl. '89
Bd. 564, 112 S., DM 34,–
ISBN 3 89432 228 4

Manfred Melde: Neu '95
Der Haubentaucher
Reprint 1995 der Aufl. '73
Bd. 461, 126 S., DM 19,90
ISBN 3 89432 817 7

Manfred Melde: Neu '95
Der Mäusebussard
Reprint 1995 der Auflage '83
Bd. 185, 104 S., DM 34,–
ISBN 3 89432 191 1

Manfred Melde
Raben- und Nebelkrähe
Reprint 1995 der Auflage '84
Bd. 414, 116 S., DM 34,–
ISBN 3 89432 212 8

Heinz Menzel: Neu '96
Die Mehlschwalbe
2. überarb. Auflage 1996
Bd. 548, ca.190 S., DM 39,90
ISBN 3 89432 496 1

Heinz Menzel: Neu '96
Der Gartenrotschwanz
Reprint 1995 der Auflage '84
Bd. 438, 123 S., DM 34,–
ISBN 3 89432 215 2

Heinz Menzel: Neu '96
Der Hausrotschwanz
Reprint 1995 der Auflage '82
Bd. 475, 88 S., DM 29,90
ISBN 3 89432 221 7

Heimo Mikkola: Neu '95
Der Bartkauz
Reprint 1995 der Aufl. 1981
Bd. 538, 124 S., DM 34,–
ISBN 3 89432 227 6

J. Mlikowsky, K. Buric:
Die Reiherente
1. Auflage 1983
Bd. 556, 99 S., DM 34,–
ISBN 3 89432 343 4

Reinhard Möckel
Die Hohltaube
1. Auflage 1988
Bd. 590, 200 S., DM 34,–
ISBN 3 89432 353 1

Karl-Heinz Moll: Neu '96
Der Fischadler
Reprint 1995 der Auflage '62
Bd. 308, 95 S., DM 34,–
ISBN 3 89432 487 2

Tilo Nadler: Neu '96
Die Zwergseeschwalbe
Reprint 1995 der Auflage '76
Bd. 495, 136 S., DM 39,90
ISBN 3 89432 222 5

Helmut Ölschlegel:
Die Bachstelze
*1. Auflage 1985
Bd. 571, 191 S., DM 44,–
ISBN 3 89432 359 0*

Rudolf Ortlieb:
Der Rotmilan
*Reprint 1995 der 3. Aufl. '88
Bd. 532, 160 S., DM 39,90
ISBN 3 89432 344 2*

Rudolf Ortlieb:
Der Sperber
*Reprint 1995 der Auflage '87
Bd. 523, 164 S., DM 39,90
ISBN 3 89432 226 8*

Rudolf Ortlieb:
Der Schwarzmilan
*Reprint 1995
Bd. 100, DM 39,90
ISBN 3 89432 441 4*

Rudolf Pätzold:
Die Lerchen der Welt
Der Band stellt erstmals alle Lerchen unseres Planeten vor und beschreibt sie in Aussehen und Lebensweise. Ein längst überfälliges Nachschlagewerk.
*1. Auflage 1994
Bd. 617, 233 S., DM 46,–
ISBN 3 89432 422 8*

Rudolf Pätzold:
Die Feldlerche
*3. Auflage 1983
Bd. 323, 144 S., DM 34,–
ISBN 3 89432 355 8*

Rudolf Pätzold:
Heidelerche und Haubenlerche
*2. Auflage 1986
Bd. 440, 183 S., DM 39,90
ISBN 3 89432 356 6*

Rudolf Pätzold:
Die Ohrenlerche
*1. Auflage 1987
Bd. 586, 144 S., DM 34,–
ISBN 3 89432 357 4*

Rudolf Pätzold:
Der Wasserpieper
*1. Auflage 1984
Bd. 565, 108 S., DM 29,90
ISBN 3 89432 362 0*

Rudolf Pätzold:
Das Rotkehlchen
Der Autor versteht es, mit einer erzählerischen Sprache uns das Leben des Rotkehlchens näher zu bringen. Nach kurzen, wissenschaftlichen Ausflügen kehrt er immer wieder zu seinen eigenen Beobachtungen zurück, so daß dieser Brehm-Band nicht nur Ornithologen, sondern auch viele Vogelliebhaber ansprechen wird.
*3. überarb. Auflage 1995
Bd. 520, 160 S., DM 34,–
ISBN 3 89432 423 6*

Eugeny N. Panow:
Die Würger der Paläarktis
*2. überarb. Aufl. 1996
Bd. 557, ca. 230 S., DM 44,–
ISBN 3 89432 495 3*

Rudolf Piechocki:
Der Turmfalke
*7. Auflage 1991
Bd. 116, 164 S., DM 39,90
ISBN 3 89432 376 0*

Dieter Poley:
Kolibris
Der Kolibri hat den Ruf, eine der rätselhaftesten und anziehendsten Vogelfamilien überhaupt zu sein. Eine fundierte Monographie, die Fachleute wie Laien anspricht und in reichem Maße auch kulturhistorische Aspekte beinhaltet.
*3. Auflage 1994
Bd. 484, 217 S., DM 44,–
ISBN 3 89432 409 0*

L. A. Portenko:
Die Schnee-Eule
*Reprint 1995 der Auflage '72
Bd. 454, 232 S., DM 49,–
ISBN 3 89432 217 9*

Hartwig Prange:
Der Graue Kranich
*1. Auflage 1989
Bd. 229, 272 S., DM 46,–
ISBN 3 89432 346 9*

Frank L. Radicke:
Der Indische Brillenvogel
*1. Auflage 1985
Bd. 572, 120 S., DM 44,–
ISBN 3 89432 369 8*

H. Scheufler, A. Stiefel:
Der Kampfläufer
*1. Auflage 1985
Bd. 574, 210 S., DM 44,–
ISBN 3 89432 348 5*

Reiner Schlegel:
Der Ziegenmelker
*Reprint 1995 der Auflage '69
Bd. 406, 80 S., DM 29,90
ISBN 3 89432 210 1*

Egon Schmidt:
Das Blaukehlchen
*Reprint 1995 der Auflage '88
Bd. 426, 76 S., DM 29,90
ISBN 3 89432 364 7*

E. Schmidt, T. Farkas:
Der Steinrötel
*2. Auflage 1988
Bd. 478, 104 S., DM 29,90
ISBN 3 89432 365 5*

Wolfgang Schneider:
Die Schleiereulen
*Reprint 1995 der Aufl. '77
Bd. 340, 152 S., DM 39,90
ISBN 3 89432 468 6*

Manfred Schönfeld:
Die Beutelmeise
In dem Band wird erstmals die Biologie und Ökologie dieser Art umfassend dargestellt. Mehr als 900 Literaturstellen wurden ausgewertet – so entstand ein Brehm-Band mit Handbuchcharakter!
*1. Auflage 1994
Bd. 559, 264 S., DM 46,–
ISBN 3 89432 410 4*

Manfred Schönfeld:
Der Fitislaubsänger
*2. Auflage 1984
Bd. 539, 184 S., DM 44,–
ISBN 3 89432 366 3*

Siegfried Schönn:
Der Sperlingskauz
*Reprint 1995 der Auflage '80
Bd. 513, 123 S., DM 34,–
ISBN 3 89432 490 2*

Siegfried Schönn et al.:
Der Steinkauz
*1. Auflage 1991
Bd. 606, 237 S., DM 34,–
ISBN 3 89432 396 5*

P. Schröder, G. Burmeister:
Der Schwarzstorch
*Reprint 1995 der Auflage '74
Bd. 468, 64 S., DM 34,–
ISBN 3 89432 219 5*

Axel Siefke:
Dorn- und Zaungrasmücke
*Reprint 1995 der Auflage '62
Bd. 297, 88 S., DM 29,90
ISBN 3 89432 194 6*

A. Stiefel, H. Scheufler:
Der Alpenstrandläufer
*1. Auflage 1989
Bd. 592, 248 S., DM 46,–
ISBN 3 89432 349 3*

A. Stiefel, H. Scheufler:
Der Rotschenkel
*1. Auflage 1984
Bd. 562, 172 S., DM 39,90
ISBN 3 89432 350 7*

Ellen Thaler-Kottek:
Die Goldhähnchen
*1. Auflage 1990
Bd. 597, 166 S., DM 39,90
ISBN 3 89432 367 1*

S. M. Uspenski:
Die Eiderenten
Reprint 1995 der Auflage '72
Bd. 452, 103 S., DM 34,–
ISBN 3 89432 216 0

D. Vogels, K. Immermann:
Australische Platt-schweifsittiche
Reprint 1994 der Aufl. '89
Bd. 334, 132 S., DM 39,90
ISBN 3 89432 354 X

Heinz Wawrzyniak:
Die Bartmeise
1. Auflage 1986
Bd. 553, 168 S., DM 29,90
ISBN 3 89432 368 X

Die Reihe Vögel kann auch im Abonnement mit **10 %** Nachlaß bezogen werden!

Die Neue Brehm-Bücherei, eine Co-Publikation von:

 und

Bestellungen nimmt jede Buchhandlung entgegen oder:
Spektrum Akademischer Verlag, Vangerowstr. 20, D-69115 Heidelberg

VON ARA BIS ZEISIG

... finden Sie alles Neue und Wissenswerte in der **Gefiederten Welt**. Die Fachzeitschrift für Vogelfreunde und Vogelzüchter präsentiert Ihnen monatlich nützliche Tips und Anregungen über die bunte Welt unserer gefiederten Freunde.

Sie erhalten wertvolle Hilfestellung bei Zucht, Ernährung und Krankheiten Ihrer Vögel. Sie finden genauso Beiträge über Verhaltensforschung sowie Umwelt- und Vogelschutzprobleme.

Lernen Sie die **Gefiederte Welt** kennen. Es lohnt sich! Beim Verlag Eugen Ulmer, Gefiederte Welt, Postfach 70 05 61, 70574 Stuttgart, können Sie ein **kostenloses Probeheft** anfordern.

Tel. (07 11) 45 07-107

Gefiederte Welt

kosmos

DAS MAGAZIN FÜR DIE NATUR

E 10392 E
MÄRZ
1994
DM 9,–
SFR 9,–
ÖS 72,–
DVA

Kostenloses Probeheft anfordern !

Mit kosmos erleben Sie die Natur jeden Monat neu. Mit spannenden Berichten aus der Natur in der Nähe und mit abenteuerlichen Reportagen aus der ganzen Welt. Lesen Sie den neuen kosmos regelmäßig, und Sie lernen die Natur kennen. Überraschende Geschichten und faszinierende Bilder machen jedes einzelne Heft von kosmos interessant. Alle Ausgaben zusammen sind eine umfangreiche Sammlung über die Themen der Natur.

...sraum Bromelienblüte

Queensland
Australiens „Sonnenstaat" bietet tropischen Regenwald und bunte Korallenriffe

Worpswede
Besuchen Sie mit kosmos das berühmte Dorf der Maler

kosmos Leser-Service, Postfach 10 60 12, 70049 Stuttgart

Jahrbuch für Papageienkunde

1995

W WESTARP
V WISSENSCHAFTEN

Band 1

Schriftleitung:
Ralf Schmidt (Halle), Werner Lantermann (Oberhausen)

Redaktionsbeirat:
Andrea Blomenkamp (Freiburg), Dr. Gisela Deckert (Kallinchen), Dipl. Biol. Ulrike Ernst (Bonn), Dipl. Biol. Peter Herkenrath (Bonn), Dipl. Biol. Wolf-Dietrich Gürtler (Gelsenkirchen), Dipl. Biol. Britta Kunz (Bochum), Dr. Herbert Schlenker (Quito, Ecuador), Dr. Werner Tschirch (Lauta), Dr. Maria-Christiana Velasquez (Schwäbisch-Hall)

Das Jahrbuch für Papageienkunde hat 200 – 250 Seiten Inhalt und wird ca. 36,– DM kosten. Bestellungen richten Sie an: Westarp Wissenschaften, Uhlichstraße 6, 39108 Magdeburg.